日本統計学会公式認定
統計検定3級対応
データの分析

日本統計学会 編

東京図書

[R] 〈日本複製権センター委託出版物〉
本書を無断で複写複製（コピー）することは，著作権法上の例外を除き，禁じられています．
本書をコピーされる場合は，事前に日本複製権センター（電話：03-3401-2382）の許諾を受けてください．

日本統計学会公式認定
統計検定3級対応

データの分析

まえがき

　本書は，統計的な思考能力がますます重要となる時代的な背景を踏まえて，日本統計学会が実施する「統計検定」のうち検定3級の内容に水準を合わせて執筆したものです。

　平成20年および平成21年に改訂された小，中，高等学校の学習指導要領では，統計的な内容が大きく取り入れられました。中学校の数学では量的な変数の分布や標本調査を取り入れた「資料の活用」という領域が新設され，高等学校の必履修科目「数学Ⅰ」では，四分位範囲や相関を学習します。統計検定3級の問題は，高等学校の数学Ⅰまでに学習する内容を確実に修得して，それらを身近な実際の問題解決に生かすことができる「統計的問題解決力」を身につけることを目標に出題されています。

統計的思考の重要性　現代は，客観的な事実にもとづいて決定し，行動する姿勢が求められる時代です。

　医療，年金，電力需要など，私たちの社会のさまざまな問題に関しては，信頼できるデータを収集，分析してはじめて合理的な解決方法を考えることができます。またインターネット検索で知られる Google のチーフエコノミストであり，高名な経済学者でもある Hal Varian は「統計家は今後の最も魅力的な職業 (the sexy job) だ」と表現して，統計学の知識をもつ社員を重点的に採用するといっています。このように，情報社会において統計学は真に役立つ知識であり，若いうちに身につけておくべき学問であると，多くの企業のリーダーが考えています。

統計検定の趣旨　日本統計学会が2011年に開始した「統計検定」の目的の一つは，統計に関する知識や理解を評価し認定することを通じて，統計的な思考方法を学ぶ機会を提供することにあります。

統計学の教育では，与えられたデータを適切に分析し，その結果をわかりやすく伝えるという訓練が必要であり，統計検定は高校や大学における教育を補完する意味をもちます．また海外，特にアメリカでは統計家(statistician)は社会的に高い評価を受け，所得も高いことが指摘されてきましたが，統計検定で認定される資格を通して，この面でも国際的な標準に近づくことが期待されます．

統計検定の概要　統計検定は以下の種別で構成されています．詳細は日本統計学会および統計検定センターのウェブサイトで確認できます．

国際資格	英国王立統計学会との共同認定
統計調査士	統計調査実務に関連する基本的知識
専門統計調査士	統計調査全般に関わる高度な専門的知識
1級	実社会の様々な分野でデータ解析を遂行する能力
2級	大学基礎科目としての統計学の知識と問題解決能力
3級	データ分析の手法を身につけ，身近な問題に活かす力
4級	データ分析の基本と具体的な文脈での活用力

執筆者について　本書は，統計検定の出題委員会を中心にして日本統計学会が編集したものです．第1次草稿を検定3級問題策定委員会の藤井，竹内が執筆し，後藤が図表などを整形した後，統計検定運営委員会による点検作業を経て，学会の責任で編集しました．本書に対するご意見を頂ければ幸いです．

一般社団法人　日本統計学会
会　長　竹村彰通
理事長　岩崎　学
統計検定運営委員長　美添泰人

本書で用いる記号について

統計的手法はさまざまな分野で応用されていることもあって，用いられる記号も，必ずしも統一されているとは限らない。本書ではある程度記号の統一を図っているが，他の書物を読む場合を考慮すると，実際に利用されている記号を紹介する方が教育効果が高いと判断した。そのため，誤解を生じない範囲で，異なる記号を用いた個所がある。また記号によっては大文字と小文字，ハイフンの有無，イタリック体か立体（ローマン）か，かっこの種類などに違いがあっても同じ意味に使われる場合がある。主要な記号を以下にまとめておく。

代表的な記号	意　味
$A^c, \overline{A}$	事象 A の余事象，他に A^C
$A \cup B$	事象 A と B の和事象
$A \cap B$	事象 A と B の積事象，AB とも書く
M	中央値，中位数，メジアン，メディアン
$P(A)$, $\Pr(A)$	事象 A の確率，他に $\Pr\{A\}$，$P(A)$ など
$P(A\|B)$	事象 B を与えたもとでの事象 A の条件付き確率
Q_1, Q_3	第1四分位，第3四分位（四分位数，四分位点）
IQR	四分位範囲 ($Q_3 - Q_1$)
r	相関係数
r_{xy}	x と y の相関係数，他に $r(x,y)$
s^2	分散（$n-1$ で割る定義もある）
s	標準偏差（分散の正の平方根）
s_x^2, s_{xx}	観測値 $x_1,\cdots,x_n$ の分散 $\sum(x_i-\bar{x})^2/n$
s_{xy}	x と y の共分散 $\sum(x_i-\bar{x})(y_i-\bar{y})/n$
$\bar{x}, \bar{y}$	観測値 $x_1,x_2,\cdots;y_1,y_2,\cdots$ の平均（平均値），算術平均，「エックスバー」，「ワイバー」
z	z 値，z スコア，観測値を標準化（基準化）した値

目　次

第 I 部　データ分析の基礎知識　　1

1. 調査項目の種類と集計方法　　3
　　§1.1　調査項目の分類 ································ 4
　　§1.2　質的変数の集計 ································ 5
　　§1.3　クロス集計 ···································· 8
　　練習問題 ·· 10

2. さまざまなグラフ表現　　13
　　§2.1　グラフ作成の目的 ······························ 14
　　§2.2　統計グラフの特徴 ······························ 14
　　§2.3　複数のグラフの組合せ ·························· 17
　　§2.4　誤解を招きやすいグラフ表現 ···················· 19
　　練習問題 ·· 20

3. 時系列データ　　23
　　§3.1　時系列データの特徴を調べる ···················· 24
　　§3.2　指数（指標）による表現 ························ 26

§3.3 折れ線グラフ作成上の注意点 ················ 28
§3.4 ［補足］対数の利用 ······················ 30
練習問題 ······································ 32

4. 度数分布とヒストグラム　　35
§4.1 度数分布表の作成 ······················ 36
§4.2 ヒストグラムと度数分布多角形 ············ 38
§4.3 分布の特徴の把握 ······················ 42
練習問題 ······································ 45

5. 分布の位置を表す代表値　　47
§5.1 3つの代表値 ·························· 48
§5.2 度数分布表からの平均の計算 ·············· 51
練習問題 ······································ 53

6. 5数要約と箱ひげ図　　55
§6.1 分位数と5数要約 ······················ 56
§6.2 データの散らばりを考える ················ 60
§6.3 複数のデータの分布を比較する ············ 61
§6.4 ［補足］要約表示と箱ひげ図 ·············· 64
練習問題 ······································ 68

7. 分散と標準偏差　　73
§7.1 観測値の散らばりの程度 ·················· 74
§7.2 単位の変換と平均値，分散，標準偏差 ······ 76
§7.3 変動係数で散らばりを考える ·············· 78
§7.4 ［補足］総和記号 (Σ) の使い方 ·············· 79
練習問題 ······································ 81

8. 観測値の標準化とはずれ値　　84
§8.1 観測値の標準化 ························ 85
§8.2 データのはずれ値とその検出 ·············· 86

練習問題 ・・ 89

9. 相関と散布図　　　　　　　　　　　　　　　　　93
　　§9.1　2つの変数の関係 ・・・・・・・・・・・・・・・・・・・・・・・・・・・・・ 94
　　§9.2　層別散布図 ・・・・・・・・・・・・・・・・・・・・・・・・・・・・・・・・・・ 98
　　練習問題 ・・・ 101

10. 相関係数　　　　　　　　　　　　　　　　　　104
　　§10.1　相関関係を数値で表す ・・・・・・・・・・・・・・・・・・・・・・ 105
　　§10.2　相関係数の注意点 ・・・・・・・・・・・・・・・・・・・・・・・・・・ 108
　　練習問題 ・・・ 110

11. 確率の基本的な性質　　　　　　　　　　　　　113
　　§11.1　確率の意味 ・・・・・・・・・・・・・・・・・・・・・・・・・・・・・・・・ 114
　　§11.2　同様に確からしい場合の確率の求め方 ・・・・・・・・ 116
　　§11.3　事象と確率 ・・・・・・・・・・・・・・・・・・・・・・・・・・・・・・・・ 120
　　練習問題 ・・・ 122

12. 反復試行と条件付き確率　　　　　　　　　　124
　　§12.1　事象の独立性 ・・・・・・・・・・・・・・・・・・・・・・・・・・・・・・ 125
　　§12.2　反復試行 ・・・・・・・・・・・・・・・・・・・・・・・・・・・・・・・・・・ 126
　　§12.3　条件付き確率 ・・・・・・・・・・・・・・・・・・・・・・・・・・・・・・ 129
　　§12.4　やや進んだ確率の話題 ・・・・・・・・・・・・・・・・・・・・・・ 132
　　§12.5　［補足］順列・組合せ ・・・・・・・・・・・・・・・・・・・・・・ 134
　　練習問題 ・・・ 136

13. 標本調査　　　　　　　　　　　　　　　　　　138
　　§13.1　全数調査と標本調査 ・・・・・・・・・・・・・・・・・・・・・・・・ 139
　　§13.2　母集団と標本 ・・・・・・・・・・・・・・・・・・・・・・・・・・・・・・ 140
　　§13.3　無作為抽出法 ・・・・・・・・・・・・・・・・・・・・・・・・・・・・・・ 141
　　練習問題 ・・・ 143

第II部　調査の計画と結果の統計的な解釈　　145

14. 問題解決のプロセス　　147
§14.1　統計的問題解決　　148
§14.2　PPDACサイクル　　148
§14.3　事例で考えてみよう　　151
練習問題　　153

15. 実験・調査の計画　　155
§15.1　問題の明確化　　156
§15.2　実験研究と観察研究　　157
§15.3　実験・調査の計画を立てる　　158
練習問題　　160

16. データを解釈する　　161
§16.1　問題の設定とデータの分析　　162
§16.2　データの収集法を意識しながら　　164
§16.3　結果の解釈と新しい問題の設定　　165
練習問題　　167

17. 新聞記事や報告書を読む　　169
§17.1　私たちの身の回りの統計を探してみよう　　170
§17.2　読む際のポイント　　170
練習問題　　173

第III部　実践問題　　175

解　答　　195

索　引　　212

第I部

データ分析の基礎知識

1. 調査項目の種類と集計方法

> この章での目標

- ■ 質的変数と量的変数，およびそれらの違いを理解する
- ■ 質的変数の集計やグラフ表現ができる
- ■ クロス集計を理解する

■■■ Key Words

- 質的変数
- 量的変数
- 割合

§ 1.1　調査項目の分類

　統計的な調査では，さまざまな項目に関する回答が求められる。たとえば，2010年に行われた国勢調査では，性別，誕生月，1週間に仕事をした時間（ただし，30分未満は切り捨てて，30分以上は切り上げる）などの項目について回答を求めている。これらの項目を集計する際には，それぞれの項目の性格の違いを意識する必要がある。

　調査項目の分類は，さまざまな観点から行われるが，ここでは比較的簡単な方法として**質的変数**と**量的変数**に分けることにする。

　質的変数は，性別や支持政党などのように，いくつかに分類されたもの（それぞれを**カテゴリ**という）の中から1つのカテゴリを取るような変数である。性別や支持政党のようにカテゴリの間に順序関係がないものだけではなく，学校での成績をA，B，Cと表すときのように順序関係がある場合も含まれる。

　量的変数には，世帯人員数や1年間に見た映画の本数など，とびとびの値を取る**離散変数**と，身長や体重などのように連続的な値を取る**連続変数**がある。

> **例題 1.1**　次の4つの変数は質的変数と量的変数のどちらであるか，答えなさい。
> 1. 出身都道府県　2. 1週間の読書時間　3. 血圧　4. 職業

（答）
　　1. 質的変数　2. 量的変数　3. 量的変数　4. 質的変数

§ 1.2 質的変数の集計

質的変数を集計する場合には，まず，それぞれのカテゴリの**度数**（頻度ともいう，p. 36 参照）を調べる。たとえば，2012 年 3 月に行われた NHK の政治意識月例調査に含まれる支持政党の調査を見ると，表 1.1 のような結果となった。度数の合計，すなわち観測値の個数である 1,074 を**データの大きさ**と呼び，しばしば $n = 1,074$ と書く。

表 1.1　政党支持者数

支持政党	度数
民主党	194
自民党	185
公明党	31
みんなの党	31
共産党	28
社民党	12
その他	12
支持なし	523
わからない・無回答	58
合計	1,074

この表では，支持する人が多い政党から順番に並べてあるが，本来は政党の間に順位があるわけではなく，どの順番に並べてもよい。しかし，わかりやすくするために，度数の大きい政党から順に書くことが一般的である。ただし，「支持なし」や「わからない・無回答」については最後にまとめている。各政党の支持者の人数や大小の比較に興味がある場合には，図 1.1 のように棒グラフを使って表現する。

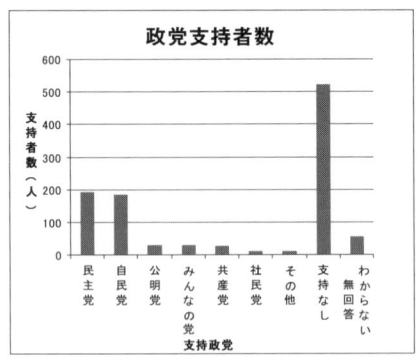

図 1.1 政党支持者数の棒グラフ

質的変数によっては，回答カテゴリの間に順序関係がある場合もある。たとえば，平成19年度の全国学力学習状況調査での中学生に対する調査では，「国語の勉強は大切だ」ということを回答者自身がどう思っているか尋ねる質問に対して，「当てはまる」「どちらかというと当てはまる」「どちらかといえば当てはまらない」「当てはまらない」の4つの選択肢から回答を選択するようになっていた。このように，選択肢の間に順序関係がある場合には，棒グラフを描く際にもこの順序に並べるのが自然である。

質的変数の場合には，各カテゴリの人数だけでなく，割合を考えることもある。前ページの政党支持者数のデータでは，それぞれの政党の支持割合は表1.2のようになる。

割合は，回答者の人数に関わらず解釈することができるため，回答者数が異なる調査結果の比較を行う場合に有用である。ただし，割合で示す場合には，全体の回答者数を明示することが望ましい。

割合は，円グラフ（図1.2）や帯グラフ（図1.3）を使って表現する。一般に円グラフが使われることが多いが，複数のグラフを比較する場合や年次的な変化をみる場合には，帯グラフの方がわかりやすいことも多い。目的に応じて，円グラフと帯グラフのどちらが望ましいかを検討する必要がある。

表 1.2　政党支持割合

支持政党	割合
民主党	18.1%
自民党	17.2%
公明党	2.9%
みんなの党	2.9%
共産党	2.6%
社民党	1.1%
その他	1.1%
支持なし	48.7%
わからない・無回答	5.4%

（合計 $n = 1,074$ 人）

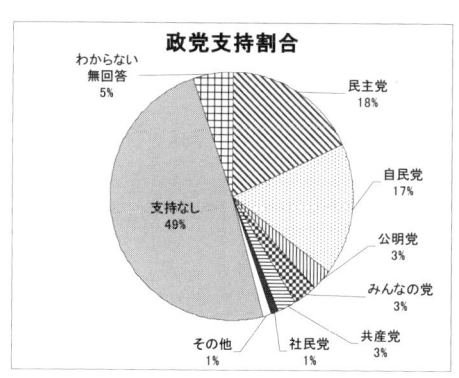

図 1.2　政党支持割合の円グラフ

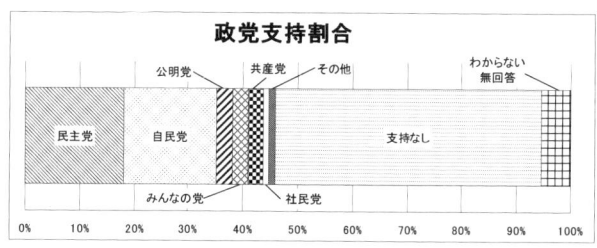

図 1.3　政党支持割合の帯グラフ

§ 1.3 クロス集計

調査では，複数の項目を同時に調査する場合も多い。このとき質的変数について，単純に1つの項目を集計して各カテゴリの出現度数を調べるだけでなく，いくつかの調査項目を組み合わせて集計し，カテゴリ組み合わせの出現度数を検討することも大切である。このように複数の項目を組み合わせて集計する方法を**クロス集計**，その結果得られる表を**クロス集計表**という。

たとえば，総務省が実施する社会生活基本調査では，過去1年間に何らかのスポーツをしたかどうかを調査している。この項目と性別を組み合わせると，表 1.3 のようになる。

表 1.3 社会生活基本調査

	した	しなかった
男性	20,907	19,991
女性	13,939	20,755

クロス集計の割合の計算法には，次の3つの場合がある。

1) 全体を 100% とする場合
2) 横の和（行和）を 100% とする場合
3) 縦の和（列和）を 100% とする場合

表 1.3 で横の和を 100% として割合を計算すると，表 1.4 のようになる。表 1.4 から，男性は 50% 以上の人がスポーツをしているのに対して，女性は 40% 程度になっており，女性に比べて男性の方がスポーツをしている

表 1.4 行和を 100%とする場合

	した	しなかった
男性	51.1%	48.9%
女性	40.2%	59.8%

人の割合が大きいことがわかる。ただし前ページの 1)〜3) に示す割合の計算方法により解釈の仕方は異なるため，目的に応じてどの方法が適切であるかを考える必要がある。

なお，行和と列和の用語は，著者により前ページと逆に用いている場合があるので注意が必要である。ここでの行和は 1 行内の和を表しているが，異なる列にまたがる和であるから，著者によってはこれを列和と呼んでいる。

■■■ 練習問題　　　　　　　　　　　　　（解答は 195 ページです）

問 1.1　次の 3 つの変数を考える。

　　A. 好きなスポーツ　　B. 1 週間の平均睡眠時間　　C. 最終学歴

　このうち，質的変数はどれか。適切なものを，次の ① 〜 ④ のうちから一つ選べ。

　① A　　② A と B　　③ B　　④ A と C

問 1.2　質的変数のグラフ表現について述べた記述のうち，適切でないものを次の ① 〜 ④ のうちから一つ選べ。

① 質的変数のグラフ表現には，棒グラフ，円グラフ，帯グラフなどがある。

② 棒グラフを用いる場合には，度数の多いカテゴリから順に描く必要がある。

③ 円グラフと帯グラフは，それぞれのカテゴリの割合を比較する場合に用いるグラフ表現である。

④ 質的な変数の割合の年次変化を見る場合には，円グラフよりも帯グラフの方が望ましい。

問 **1.3** ある町の高校生全員に対して，将来地元に住みたいかどうかを調査したところ，次の棒グラフのような結果が得られた。この棒グラフからいえることとして，適当でないものを一つ選べ。

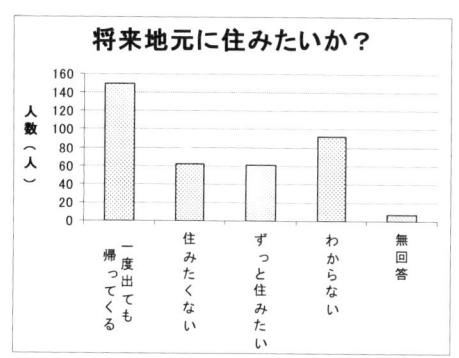

① 将来地元に住みたいと考えている高校生は 200 名以上いる。

② 将来住みたくないと思っている高校生とずっと住みたいと思っている高校生はどちらも約 60 名いる。

③ 全体の回答者は約 400 名である。

④ わからないと答えた高校生は約 25% である。

問 1.4　ある高等学校で 361 人の生徒を対象に，運動部に関する取り組み状況を調査したところ，次の円グラフのような結果が得られた。

　このグラフからわかることとして，適切でないものを下の①〜④のうちから一つ選べ。

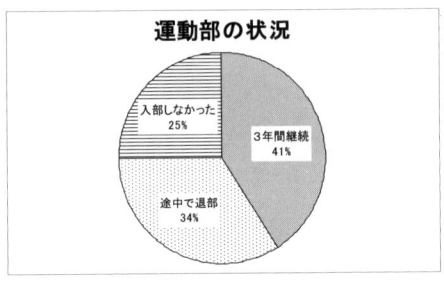

① 3 年間継続した生徒は約 150 名である。

② 運動部に入部した生徒は，途中で退部した生徒も含めると 70％以上いる。

③ 運動部に入部しなかった生徒は，80 人以下である。

④ 3 年間継続した生徒の割合が，3 つの回答の中で一番高い。

2. さまざまなグラフ表現

この章での目標

- さまざまなグラフの特徴を理解する
- 分析の目的に合わせて，適切にグラフを用いることができる
- 複雑なグラフを解釈することができる

Key Words

- 幹葉図（幹葉表示）
- レーダーチャート
- 積み上げ棒グラフ

§2.1 グラフ作成の目的

統計的な調査を実施すると数多くの数値が得られるが，この数値だけを眺めていても全体の特徴をつかむことは難しい．データを集計したり，グラフを用いて表現したりするのは，データの中から必要な情報を取り出すための工夫である．グラフは，統計データが示す意味を理解したり，説明したりするための有効な手段であるが，データのもつさまざまな特徴の中からある種の特徴に焦点を当てて表現するため，目的に応じてさまざまな統計グラフが存在する．そのため，グラフの特徴を把握し，分析の目的に応じて，適切に選択する必要がある．

§2.2 統計グラフの特徴

これまでに紹介したいくつかのグラフの特徴は以下の通りである．

棒グラフ　　　量の大小を比較する際に用いられるグラフで，棒の高さでそれぞれのカテゴリの量を表している．

円グラフ　　　それぞれのカテゴリの全体に対する割合を表す際に用いられる．

帯グラフ　　　円グラフと同様に，全体に対する割合を表すグラフであるが，特に複数のグループや年次的な変化を調べる際に有効である．

この他にも，さまざまな統計グラフが用いられる．

幹葉図

幹葉表示ともいう。これはデータの大きさ n が比較的小さい場合に用いられるグラフ表現で，数値データのばらつきを表す際に用いられる。

たとえば次の表 2.1 のような，ある数学のテストの 20 人分の成績を考える。

表 2.1 数学のテストの 20 人分の成績

49	71	64	93	80	66	79	58	68	69
80	54	74	75	78	86	85	65	73	86

この数値だけを見て特徴を見出すことは難しいが，図 2.1 のように表すことで，数値のバラツキの様子を把握することができる。

```
4 | 9
5 | 4 8
6 | 4 5 6 8 9
7 | 1 3 4 5 8 9
8 | 0 0 5 6 6
9 | 3
```

図 2.1　幹葉図

このグラフ表現では，左側の幹の部分に成績の 10 の位の数値を表示し，右側の葉の部分に各成績の 1 の位の値を並べている。コンピュータによる出力では 1 の位の数値は小さいほうから順に並べられるが，手書きで作成する場合は観測値が出現する順番に記入していく。

このグラフでは，60 点台，70 点台，80 点台の数値が多く見られ，40 点台，50 点台，90 点台は少ないことがわかると同時に，具体的数値もつかむことができる。

n が小さいときには，手描きでも簡単にできるグラフ表現である。ただし，n が大きいときには，複雑になりすぎる。バスや列車の時刻表もある意味で幹葉図と同じ形で構成されている。また幹葉図を左に90度回転したものは，4章のヒストグラムに対応する。

レーダーチャート

レーダーチャートは複数の値をまとめて表現する際に用いられるグラフ表現である。図2.2は，高等学校のある生徒の5つの教科の成績を表している。このグラフを見ることで，教科のバランスが判断できる。教科によってテストの難易度が異なる場合には，クラスの平均点をグラフの中に表示することにより，クラスの平均点とその生徒の成績の関係を示すことも有効である。

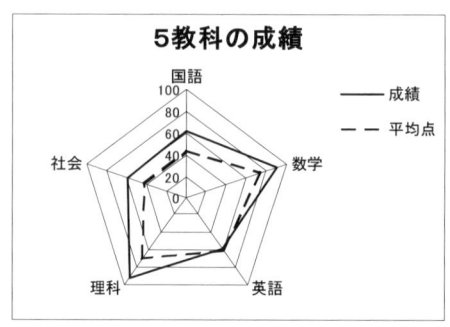

図 2.2　ある生徒の5教科の成績のレーダーチャート

この他にも，ヒストグラムや箱ひげ図，散布図などのグラフもあるが，それらについては，後に詳しく説明することにする。

§2.3 複数のグラフの組合せ

気温と降水量のように複数の変数について観測値を比較する際には，それらを1つのグラフで表現する場合がある．図2.3は，東京都の2011年の気温と降水量のグラフを1つに合わせたものであり，これから月ごとの気温の変化と降水量の変化を同時に把握することができる．ただし，この場合の縦軸の目盛は平均気温と降水量で異なっている．そのため，平均気温は左側の軸で示し，降水量は右側の軸で示している．

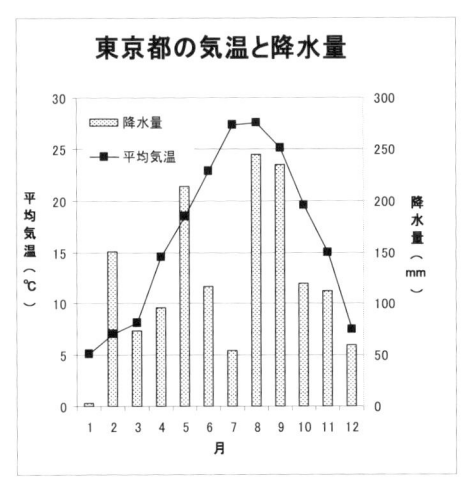

図2.3 気温と降水量のグラフ

このグラフでは，気温を折れ線グラフで表している．一般に，棒グラフの場合には棒の高さが量を表しているため，気温のようにマイナスの値を取る相対的な量として表されるものを棒グラフで表すことはふさわしくない．

図2.4は，平成2年から平成17年までの5年ごとの出生数の変化を表したものである．このグラフは**積み上げ棒グラフ**と呼ばれる．このグラフでは，棒グラフの高さの合計で各年の出生数を表しているだけでなく，母親の年齢別の出生数も表している．このグラフで各年齢層別の出生数の変化も読み取ることができるが，各年齢階層の位置が年によって異なっているため，微妙な違いを判断することは難しい．

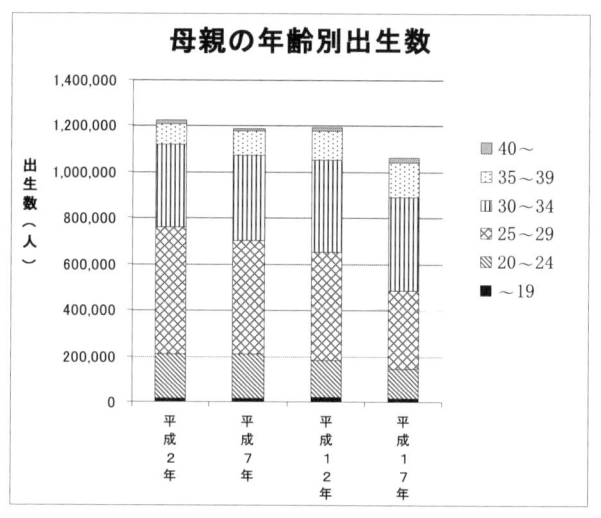

図2.4　出生数の積み上げ棒グラフ

グラフから，母親の年齢が20〜24（歳）の層や25〜29（歳）の層では出生数は減少しているが，30〜34（歳）の層や35〜39（歳）の層では若干ではあるが出生数が増える傾向が見られる．ただし，各年齢層での女性の人口が変化していることを考慮する場合には，各年齢層での出生数を人口で割った値を折れ線グラフで表すことも効果的である．

§ 2.4 誤解を招きやすいグラフ表現

　図 2.5 は，平成 13 年以降の犯罪検挙数のグラフである。この例ではどの年も 50 万件以上の検挙数があるため，普通に棒グラフで表現すると年ごとの変化がわかりにくくなる。そこで，棒の一部を省略する形でグラフにしている。

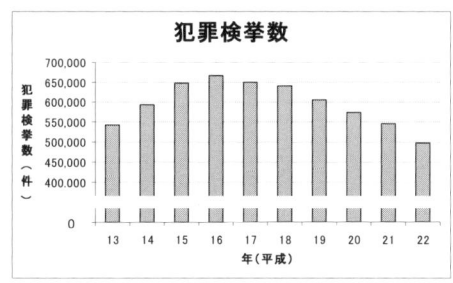

図 2.5　犯罪検挙数の棒グラフ

　このようなグラフの工夫自体は，途中が省略されていることを明確に示していればよいが，省略していることを明確にしていないと誤解される恐れがある。また，提示されたグラフを解釈する場合には，途中が省略されていることをしっかり意識する必要がある。

■■■ **練習問題** （解答は 196 ページです）

問 2.1 グラフの特徴に関する記述として，適切でないものを次の ① ～ ④ のうちから一つ選べ。

① 全体に占める割合をグラフ化する際には，円グラフや帯グラフが用いられる。

② 積み上げ棒グラフは，カテゴリの割合の年次的な変化を見る際に用いられる。

③ レーダーチャートは，複数の指標のバランスを見る際に用いられる。

④ 折れ線グラフは，ある量の時間的な変化を見る際に用いられる。

問 2.2 下の図は，ある県の火災発生件数を，建物，林野，車両とその他について表したものである。このグラフの解釈として適切でないものを下の ①〜④ のうちから一つ選べ。

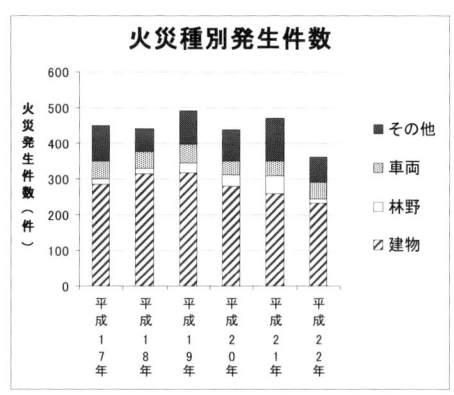

① どの年も，建物の火災発生件数が最も多い傾向がある。

② 平成 22 年は，その他の年よりもかなり火災発生件数が少なくなっている。

③ 建物火災の件数は，平成 19 年をピークに，その後は減少している。

④ 林野の火災発生件数は，平成 19 年が最も高く，300 件以上ある。

問 2.3 次の図は，平成 23 年の各月の大阪市の平均気温と降水量をまとめたものである。このグラフの解釈として正しくないものを，下の①〜④のうちから一つ選べ。

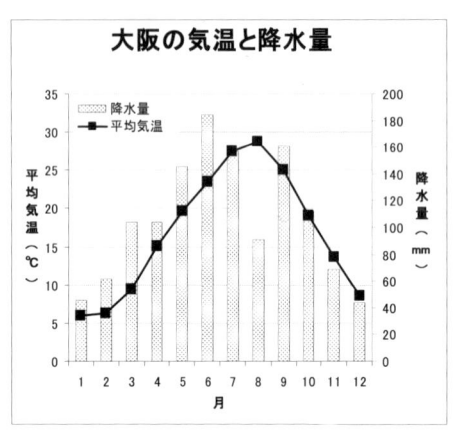

① 最も降水量の多い月は 6 月である。

② 最も平均気温が高いのは 8 月である。

③ 冬場は平均気温だけでなく降水量も低く，1 月，2 月，11 月，12 月の降水量は 80mm 以下である。

④ 3 月の平均気温は約 18℃である。

3. 時系列データ

この章での目標

- 時系列データの特徴を理解する
- 時系列データを適切にグラフに表すことができる
- 指標を用いて時系列データを解釈できる
- 時系列データを利用して時間的な推移を把握できる

Key Words

- 折れ線グラフ
- 指標

§ 3.1 時系列データの特徴を調べる

新聞やテレビのニュースでは，さまざまなデータが用いられるが，最もよく用いられるのは時系列データである。たとえば，表3.1は，2001年1月から2010年12月までの10年間について，東京の月平均気温（日平均気温の月平均値）を表している。この例のように，時間の経過とともに繰り返し測定・観測されたデータのことを**時系列データ**と呼ぶ。

表3.1 東京の月平均気温

	1月	2月	3月	4月	5月	6月	7月	8月	9月	10月	11月	12月
2001	4.9	6.6	9.8	15.7	19.5	23.1	28.5	26.4	23.2	18.7	13.1	8.4
2002	7.4	7.9	12.2	16.1	18.4	21.6	28.0	28.0	23.1	19.0	11.6	7.2
2003	5.5	6.4	8.7	15.1	18.8	23.2	22.8	26.0	24.2	17.8	14.4	9.2
2004	6.3	8.5	9.8	16.4	19.6	23.7	28.5	27.2	25.1	17.5	15.6	9.9
2005	6.1	6.2	9.0	15.1	17.7	23.2	25.6	28.1	24.7	19.2	13.3	6.4
2006	5.1	6.7	9.8	13.6	19.0	22.5	25.6	27.5	23.5	19.5	14.4	9.5
2007	7.6	8.6	10.8	13.7	19.8	23.2	24.4	29.0	25.2	19.0	13.3	9.0
2008	5.9	5.5	10.7	14.7	18.5	21.3	27.0	26.8	24.4	19.4	13.1	9.8
2009	6.8	7.8	10.0	15.7	20.1	22.5	26.3	26.6	23.0	19.0	13.5	9.0
2010	7.0	6.5	9.1	12.4	19.0	23.6	28.0	29.6	25.1	18.9	13.5	9.9

時系列データのグラフ表現としては折れ線グラフが用いられる。東京の気温の月平均値を折れ線グラフに表すと図3.1のようになる。

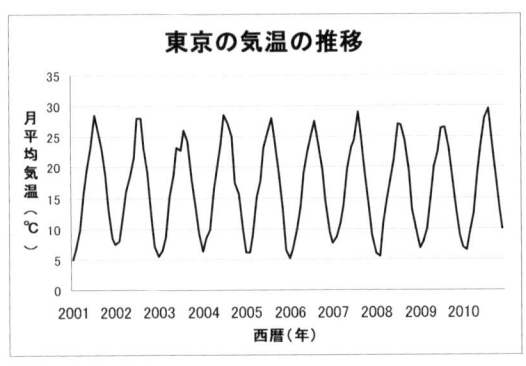

図3.1 東京の気温の推移（月平均値）

これから月平均気温が1年を周期に変化している様子がわかるが，季節的な変化が大きいために，10年間の傾向的な変化を見ることは難しい。

そこで，季節的な変動を除いた年平均気温（日平均気温の年平均値）の推移を調べてみよう．図3.2は，1876年から2011年までの東京の年平均気温を表している．年平均気温の変動を見ると，長期的に上昇している傾向が見られる．

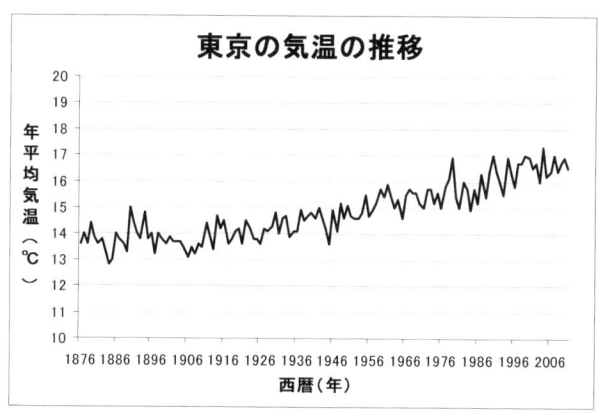

図3.2　東京の気温の推移（年平均値）

このように，時系列データの特徴を見る場合には，時間的な変化の中から周期的な変動や偶然による不規則な変動を取り除くことによって，全体的な傾向を調べることが行われる．

> **例題3.1**　次の表は，1970年から2005年までの5年ごとの総農家数（単位 千戸）を表している．
>
> | 西暦（年） | 1970 | 1975 | 1980 | 1985 | 1990 | 1995 | 2000 | 2005 |
> |---|---|---|---|---|---|---|---|---|
> | 総農家数（千戸） | 4,953 | 4,661 | 4,376 | 4,229 | 3,835 | 3,444 | 3,120 | 2,848 |
>
> （出典：農業センサス）
>
> このデータを折れ線グラフに表して，その傾向を調べなさい．

(答)

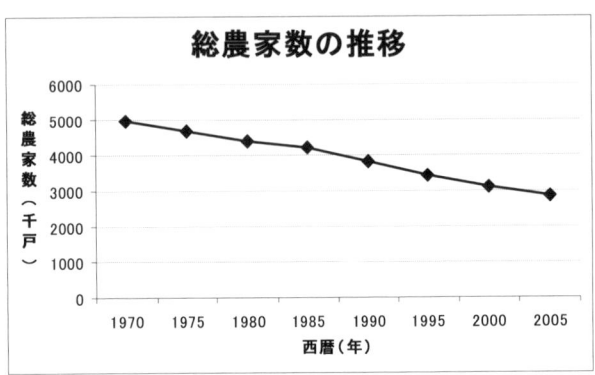

総農家数はほぼ直線的に減少する傾向があり，その減少数は5年で約30万戸である。

時系列データの変化の様子をみる場合には，前時点を基準として，前時点との差や比で表したり，

$$\frac{現時点の値 - 前時点の値}{前時点の値}$$

のように変化率で表したりすることがある。どのような表現を用いるかは，分析の目的に合わせて適切に選ぶ必要がある。

§3.2　指数（指標）による表現

図3.3は，1980年から2000年までの漁業生産量の推移を遠洋，沖合，沿岸の3つの部門別に分けて示したものである。

複数の時系列データを比較する際には，生産量そのものではなく，変化率を用いる場合もある。その際には，ある時点を**基準時点**として，各時点

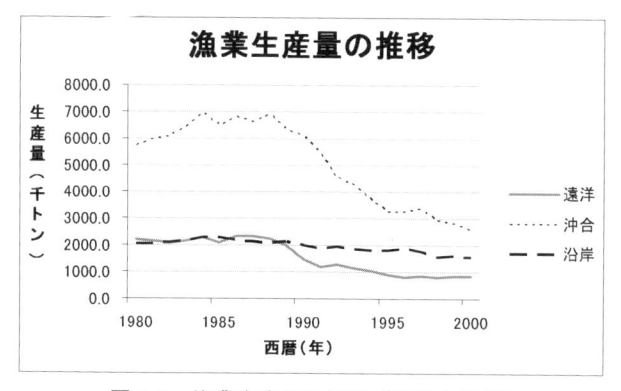

図 3.3 漁業生産量の推移（農林水産省）

の生産量を基準時点の生産量で割った値やそれを 100 倍した値を用いることもある。このような表現を **指数**（あるいは **指標**）という。

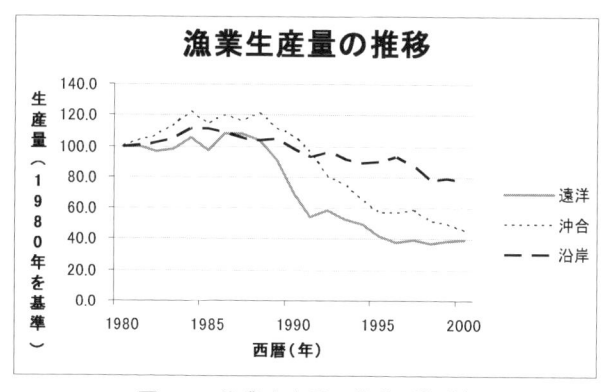

図 3.4 漁業生産量の推移（指数）

指数で表した図 3.4 から，沖合漁業の生産量は 1980 年代は増加傾向にあったが，1990 年以降は減少していること，またその減少率は沿岸漁業よりも大きく，遠洋漁業と同じ位になってきていることがわかる。

§ 3.3 折れ線グラフ作成上の注意点

時間的な観測値については，時間的な順序を意識して分析することが大切である。これまでに示したデータでは東京の気温の推移や漁業生産量の推移のように，一定の時間間隔で繰り返し測定されていた。しかし，必ずしもすべての時間的なデータが一定の時間間隔で測定されているわけではない。たとえば，母子手帳には子どもの成長の記録として，身長や体重を書く欄がある。この場合，測定の間隔は一定ではなく，表3.2のような形のデータが得られる。

表 3.2　体重の推移

月数（月）	0	1	2	3	4	8	12
体重 (g)	2,830	5,160	5,800	6,980	8,050	9,320	10,210

表3.2はある女の子の体重の推移を記録したものである。出生時からしばらくは1か月ごとに測定を行っているが，4か月の次の測定は8か月で，その次は12か月となっている。このデータを表計算ソフト等を使って折れ線グラフに表すとき，時間に注意していないと，図3.5のような折れ線グラフとなってしまう。このグラフは体重が直線的に増えているという誤った印象を与える。それは，時間間隔を考慮せずに折れ線グラフを描いたからである。

横軸を時間間隔に対応させると，図3.6に示すように4か月を過ぎるあたりから体重の増加は鈍くなっている。このように，時間の経過を意識しながら折れ線グラフで表現するように心がける必要がある。

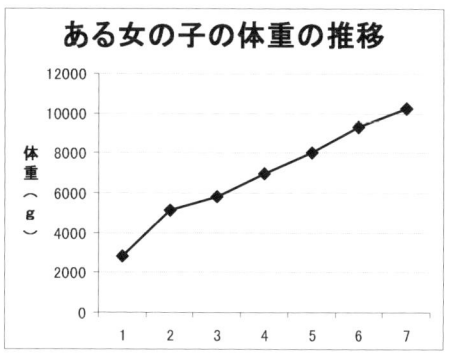

図 3.5　誤った印象を与えるグラフ

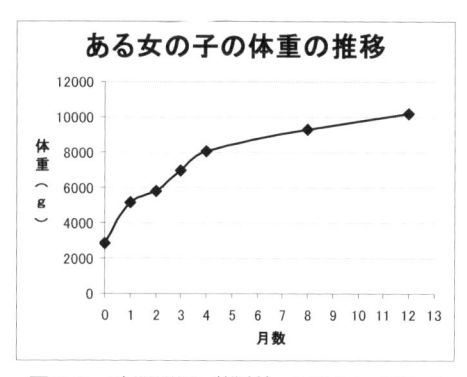

図 3.6　時間間隔（横軸）の正しいグラフ

§3.4 [補足] 対数の利用

データによっては，比率を使った方が解釈が容易になるものがある。そのような場合には，データを変換して対数で表示すると明確な関係が得られることが多い。

図3.7は内閣府が公表している国民経済計算から雇用者所得（単位：兆円）の長期時系列データを表している。

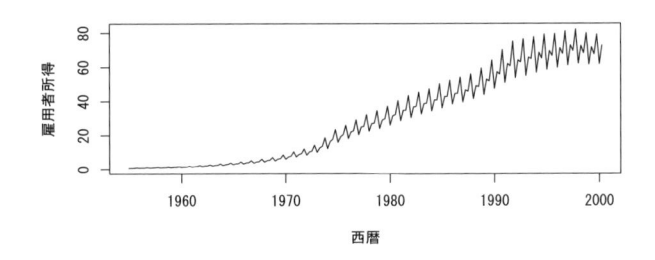

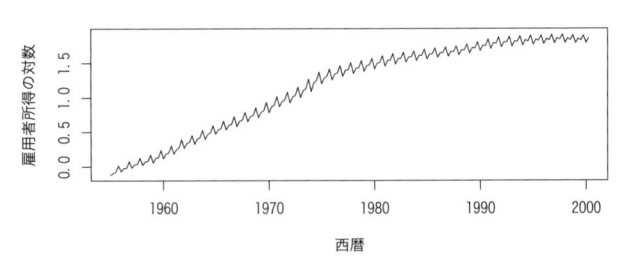

図 3.7　雇用者所得（単位：兆円，国民経済計算）

図の上段から，この期間で大きく成長したことがわかる。なお，図は四半期データであり，季節的な変動も見える。1年間のうち，10-12月期の所得が最も高く，1-3月期の所得が低いという安定的な変動を示しているが，これはボーナスの支給という制度が反映されているためである。図の

上段だけを見ると変化が大きすぎて，1950年代の季節変動はほとんど見えない。高度成長期が始まってから，バブル崩壊の後までの時期で，ある程度，成長率が安定的であることから，比率を取ったほうが解釈が容易である。

時間を t と表すとき，時系列データは $y(t)$ と書くより y_t と表すことが多い。(常用)対数に変換した $\log y_t$ のグラフを見ると，1955年から1974年頃までは，ほぼ傾きが一定の直線に近いことがわかる。$\log 2y = \log 2 + \log y$ と元の単位の積が，対数変換すると和になることから，時間に関して $\log y$ が直線的になる関係は，y に関しては成長率が一定であることを意味している。また，$\log y$ が表す直線の傾きは成長率に対応する。

このように解釈すると，1974年前後の石油危機を境にして成長率が低下したこと，1990年のバブル崩壊といわれる経済の停滞期には，さらに一段と成長率が低下したことが読み取れる。

■■■ **練習問題**　　　　　　　　　　　　　　　（解答は **197** ページです）

問 3.1　時系列データの特徴に関する記述のうち，最も適切なものを次の①〜④のうちから一つ選べ。

① ある集団をある方法で分類したとき，それぞれの分類に含まれる人の割合を表しているデータである。

② ある集団の人々に対して，兄弟の数のように人数や個数を調べたデータである。

③ ある集団の人々に対して，身長や体重などの測定値を調べたデータである。

④ 時間の経過とともに，繰り返し測定されたデータである。

問 3.2　次の表は，東京都における 2011 年のガソリン 1 リットル当たりの値段を表している。

月	1月	2月	3月	4月	5月	6月	7月	8月	9月	10月	11月	12月
ガソリン価格(円)	135	136	147	151	151	146	147	150	144	141	141	143

この表から作成した前の月からの差の折れ線グラフとして，適切なものを次の①〜④のうちから一つ選べ。

①

②

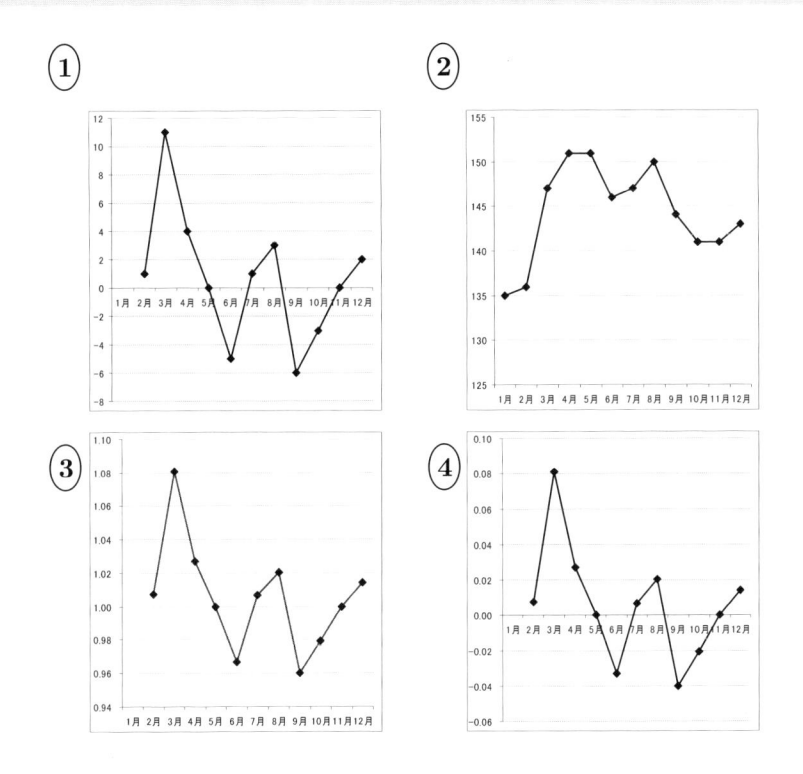

③

④

問 3.3 次の表は，2005 年から 2009 年までの米の作付面積を表している。

西暦（年）	2005	2006	2007	2008	2009
米の作付面積（千 ha）	1,706	1,688	1,673	1,627	1,624

（資料：農林水産省）

この表から，2005 年の作付面積を 100 として 2009 年の作付面積を表した指数として適切なものを次の ① ～ ④ のうちから一つ選べ。

① −82 ② −5 ③ 95 ④ 1,624

問 3.4 次の折れ線グラフは，1990 年から 2005 年までの原因別の火災発生件数を 5 年ごとに表したものである。

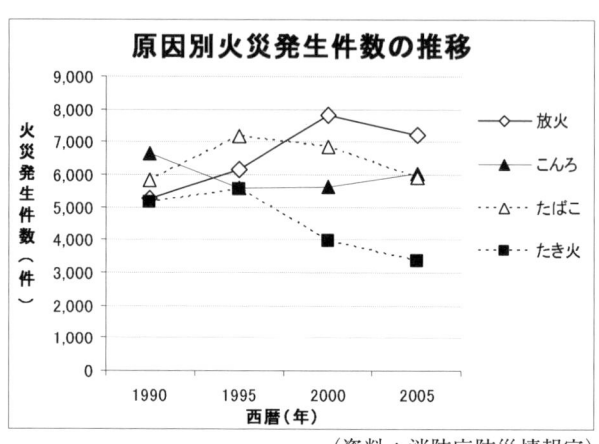

原因別火災発生件数の推移

(資料：消防庁防災情報室)

この折れ線グラフの解釈として適切でないものを，次の①〜④のうちから一つ選べ。

① 4つの原因の中で，2005 年の火災発生件数が一番多いのは放火による火災である。

② たき火が原因の火災は，1990 年に比べて 2005 年の発生件数が減少している。

③ こんろが原因の火災発生件数は，1990 年から 2005 年の間で 1000 件程度増えている。

④ たばこが原因の火災発生件数は，1995 年にかけて増えているが，その後減少している。

4. 度数分布とヒストグラム

この章での目標

- 度数分布やヒストグラムの必要性やその方法を理解する
- 度数分布やヒストグラムを用いて，分布の様子を調べることができる
- 相対度数や累積相対度数を用いて，異なる集団の分布を比較できる

Key Words

- 階級
- 度数
- 相対度数
- 度数分布
- ヒストグラム
- 度数分布多角形

§ 4.1　度数分布表の作成

身長や 50 m 走のタイムのような連続的な値を取る変数では，それぞれの測定結果は少しずつ異なっており，同じ値はほとんど出現しない。そのため，質的データの場合のように，同じカテゴリの度数を数える形で集計するのではなく，観測値をいくつかのグループに分けて，その度数を調べる。

ある学校の給食の献立表では，献立の横にエネルギー量が示されている。そこで，平成 23 年 4 月と 5 月の献立表で 32 日間のエネルギー量（単位 kcal）を調べると，表 4.1 のような値が得られた。

表 4.1　給食のエネルギー量 (kcal)

526	380	392	294	411
579	698	417	416	454
615	467	582	558	611
544	579	586	646	587
560	584	531	528	569
629	646	591	609	500
586	604			

32 日間の最小値は 294(kcal) であり，最大値は 698(kcal) である。そこで，250(kcal) から 700(kcal) を，幅 50(kcal) ずつ 9 個のグループに分けてそれぞれの度数を数えると，表 4.2 のように整理される。

変数が取る値の範囲をグループ分けしたそれぞれの区間を**階級**という。階級に含まれる観測値の個数をその階級の**度数**（頻度）といい，階級ごとに度数を整理したものを**度数分布**，その表を**度数分布表**という。また，各階級を代表する値を**階級の代表値**または**階級値**と呼ぶ。表 4.2 は表 4.1 のデータから作成した度数分布表である。

表 4.2 給食のエネルギー量の度数分布表

階級			度数	相対度数 (%)	累積相対度数 (%)
以上		未満			
250	~	300	1	3.1	3.1
300	~	350	0	0.0	3.1
350	~	400	2	6.3	9.4
400	~	450	3	9.4	18.8
450	~	500	2	6.3	25.1
500	~	550	5	15.6	40.7
550	~	600	11	34.4	75.1
600	~	650	7	21.9	97.0
650	~	700	1	3.1	100.0
合計			32	100.0	—

連続的な観測値の場合には，階級の境界に注意が必要である．日本では 250(kcal) 以上 300(kcal) 未満のように，階級の下限は含み，上限は含まない形の階級を考えることが多い．通常はエネルギー量は小数点以下を四捨五入して表現されているから，400(kcal) は 399.5(kcal) 以上 400.5(kcal) 未満となり，階級の境界は 0.5 だけずれるが，多くの実例ではそれほど厳密な表記は用いられていない．

また，表 4.2 の度数分布表では，相対度数と累積相対度数も表示されている．相対度数は各階級の度数の全体に対する割合を表すもので，

$$\text{相対度数} = \frac{\text{階級の度数}}{\text{度数の合計}}$$

で求めることができる．相対度数は，観測値の個数（データの大きさ）が異なる複数の集団の比較を行う場合に便利である．度数または相対度数を小さい階級から合計して得られる**累積（相対）度数**もよく用いられる．

表 4.2 の例では，これらは 3.1+0=3.1，3.1+6.3=9.4，9.4+9.4=18.8 などとして求められる．これから 550(kcal) 未満は全体の約 41 % であり，約

75%は600(kcal)未満であることがわかる。累積度数分布については6.1節(p.56)も参照のこと。

度数分布から，550(kcal)以上600(kcal)未満の日が11日あり，相対度数から全体の約1/3であることがわかる。また，その前後の階級も合わせて500(kcal)以上650(kcal)未満とすると全体の約2/3となり，多くの観測値がこの範囲に含まれていることがわかる。

§4.2 ヒストグラムと度数分布多角形

度数分布をグラフ化する方法の1つにヒストグラムがある。ヒストグラムでは横軸に変数の値を取り，それぞれの階級の区間上に**面積が度数と比例する**ように長方形を描く。区間の幅が同じときには，長方形の高さは度数に比例する。

図4.1は，32日間のエネルギー量をヒストグラムで表したものである。これから650(kcal)以上の日は1日だけであるが，500(kcal)未満の日は8日あり，極端にエネルギー量の低い日が1日だけあることがわかる。

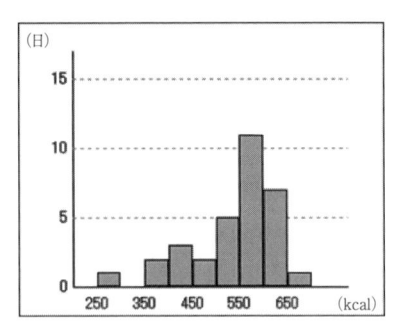

図4.1 エネルギー量のヒストグラム

例題 4.1 表 4.1 の学校給食のデータを使って，最初の階級の下限が 280(kcal) で，階級幅が一定で 50(kcal) となるように階級を決めて，度数分布表を作りヒストグラムを描きなさい。

(答)

階級		度数	相対度数
以上	未満		
280 ～	330	1	3.1%
330 ～	380	0	0.0%
380 ～	430	5	15.6%
430 ～	480	2	6.3%
480 ～	530	3	9.4%
530 ～	580	7	21.9%
580 ～	630	11	34.4%
630 ～	680	2	6.3%
680 ～	730	1	3.1%
合計		32	100%

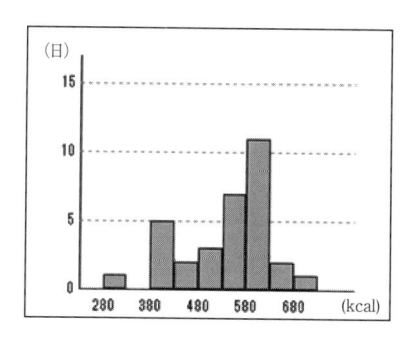

最初の階級は 280(kcal) 以上 330(kcal) 未満となる。それ以降についても同じように階級幅が 50(kcal) となるように階級をつくると，度数分布表とヒストグラムは上のようになる。このヒストグラムでは，380(kcal) 以上 430(kcal) 未満の階級の度数が多くなり，2 つの山をもつような印象が強くなる。一般に，階級幅を小さくしすぎるとそれぞれの階級に入る度数が小さくなるため全体的な傾向がつかみにくくなり，階級幅を大きくしすぎると大きな傾向は見えるが，細かな分布の形状を見つけにくくなる。そのため，観測値の個数も考慮しながら，いくつかの度数分布表やヒストグラムを描いて，全体的な傾向を示すものを選択する。多くの場合，階級の数は 5～15 程度が適当である。

ティータイム　・・・・・・・・・・・・・・・・・・・・・・● 階級幅の違うヒストグラム

　下のヒストグラムは，総務省「家計調査」に基づいて世帯別の年間収入の分布を表している。このヒストグラムでは，金額によって階級の幅は異なっている。このようなヒストグラムの場合に，長方形の高さを度数に比例させて描くと，階級幅の大きな階級ほど長方形が大きくなり，誤った印象を与える。ヒストグラムでは，度数と長方形の広さが比例するように長方形の高さを設定する。階級幅が異なる場合には注意が必要である。

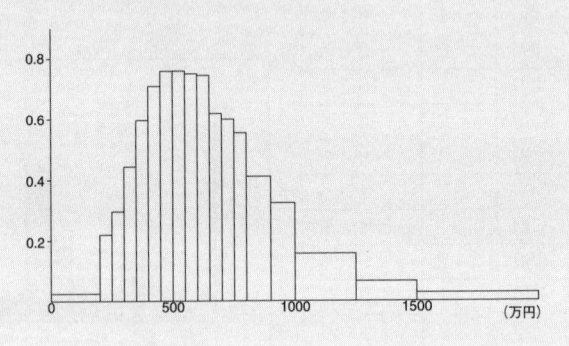

図 4.2　年間収入（総務省「家計調査」2011 年）

　ヒストグラムと同様に度数分布表をグラフ化する方法に度数分布多角形と呼ばれるものがある。度数分布多角形は，ヒストグラムで描かれた各長方形の上辺の真ん中に点を打ちそれを線分で結んだものである。

　ただし，便宜的に最大値を含む階級の右側と最小値を含む階級の左側にも1つの階級があると考えて，その度数0の階級の中央にも点を取ることにする。このことで，度数分布多角形の面積とヒストグラムの面積を等しくすることができる。

　ヒストグラムや度数分布多角形は，異なる集団の度数分布を比較する際に特に便利である。

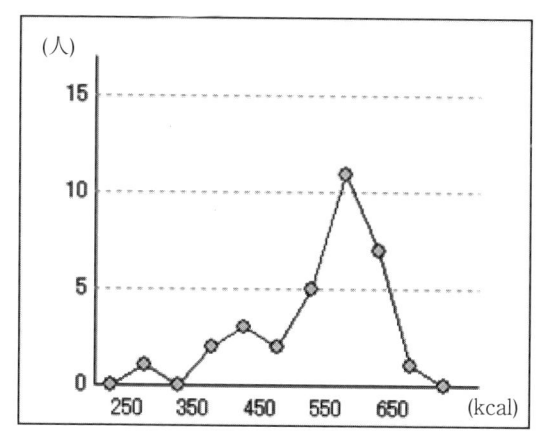

図 4.3　度数分布多角形

■■■ 考えてみよう

次の度数分布多角形は，ある大学の学生のうち男性 78 人，女性 75 人の睡眠時間の分布を表したものである。男女でどのような違いがあるのかを考えてみよう。

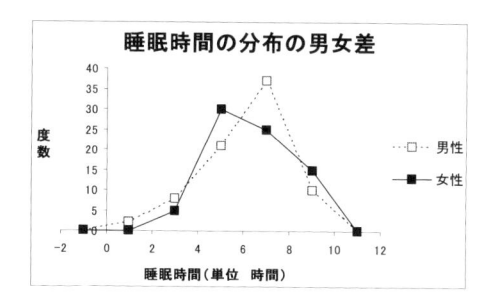

§ 4.3 分布の特徴の把握

ヒストグラムや度数分布多角形を描く目的は，量的な変数の分布の特徴を把握することである。分布の中心はどのあたりか，散らばりはどの程度の大きさか，全体として左右対称かあるいはどちらかの裾が長い分布か，などの特徴を知ることができる。

図 4.4 は，東京都内のある大学の男子学生 324 人の身長のデータの分布である。このヒストグラムを見ると，ほぼ 172cm を中心に左右対称な分布をしている。身長のほかにも，胸囲，足の大きさなど左右対称なひと山の分布をする変数の例は多く，典型的な分布の 1 つである。

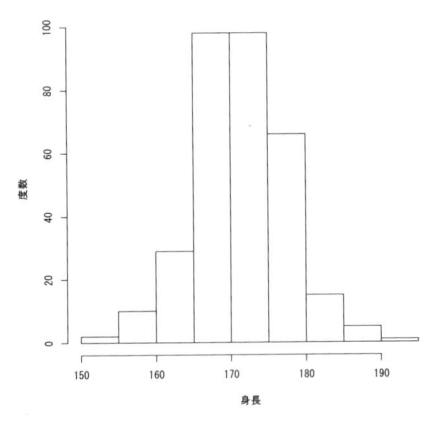

図 4.4　男子学生 324 人の身長の分布

しかし，すべての結果がこのように左右対称の分布をするわけではない。たとえば，同じ調査で大学までの片道の通学時間（分）の結果は，図 4.5 のように右の裾が長い分布である。ティータイム (p.40) で紹介した年間収入のデータは右の裾がさらに長い。

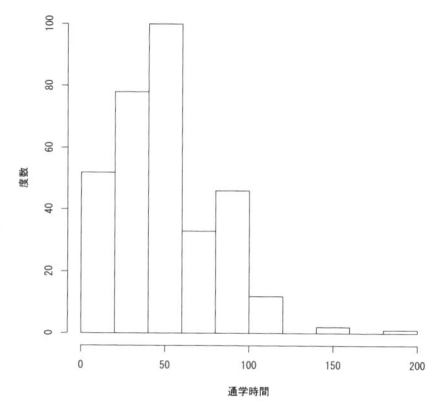

図 4.5　男子学生 324 人の通学時間

ひと山ではなく 2 つの山が見られる場合は，異なる集団の観測値が混在している可能性がある．この通学時間の分布も自宅生と下宿生に分けると図 4.6 のようになり，下宿生の通学時間のほうが短い傾向にあり，2 つの分布が混ざっていることがわかる．また，ある学級の小学生の体重のデータに先生の観測値が含まれるときには，極端に大きな観測値などのはずれ値が含まれる．

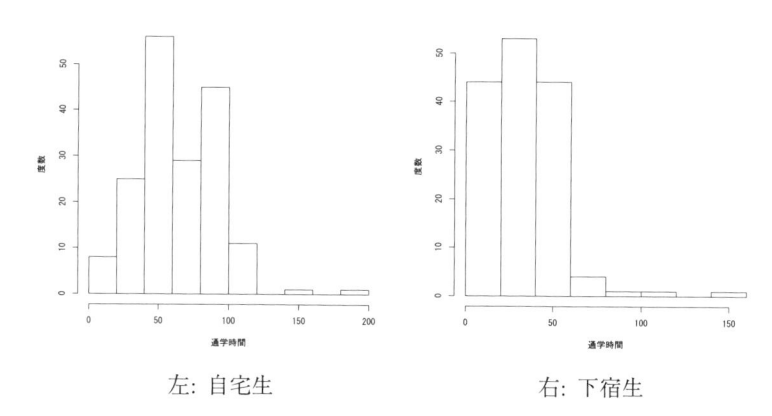

左: 自宅生　　　　　　　　右: 下宿生

図 4.6　自宅生と下宿生の通学時間

ヒストグラムを描くことによって，このような分布の特徴を把握することができる。グラフによる視覚的な判断に加えて，分布の特徴を把握するため，いくつかの尺度（代表値）が考えられている。そのうち，位置を表す代表値は5章，散らばりを表す代表値は6章で解説する。

■■■ 練習問題　　　　　　　　　　　　　（解答は198ページです）

問 4.1　あるクラスで通学時間を調べたところ，次のような度数分布表が得られた。このとき，あとの各問いに答えよ。

通学時間（分）		度数
以上	未満	
0 ～	2	3
2 ～	4	7
4 ～	6	10
6 ～	8	6
8 ～	10	2
10 ～	12	3
12 ～	14	2
14 ～	16	1
16 ～	18	0
18 ～	20	1
合計		35

(1) この分布からわかることとして，適切ではない記述を次の①〜⑤のうちから一つ選べ。

① 最も度数の高い階級は，4〜6（分）である。

② 通学時間が10（分）以上の生徒は7人である。

③ 2〜4（分）の階級の相対度数は0.2である。

④ 通学時間が2分以上8分未満の生徒の割合は，約66%である。

⑤ 半数以上の生徒は，通学時間は5（分）以下である。

(2) この度数分布表を使って描かれたヒストグラムとして適切なものを，次の①〜④のうちから一つ選べ。

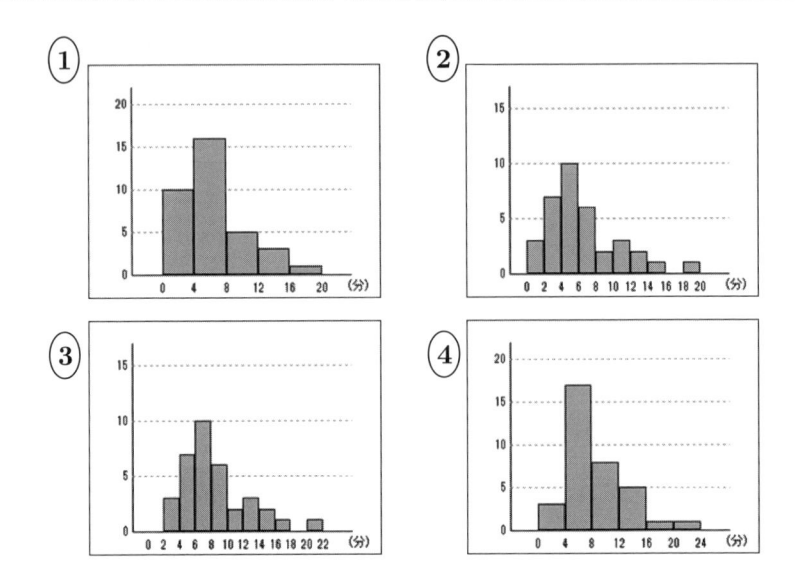

問 4.2　次のグラフは，小学生と中学生の朝の体温の分布を表した度数分布多角形である．2つのグループの分布の違いに関する記述として，最も適切なものを，下の①〜④のうちから一つ選べ．

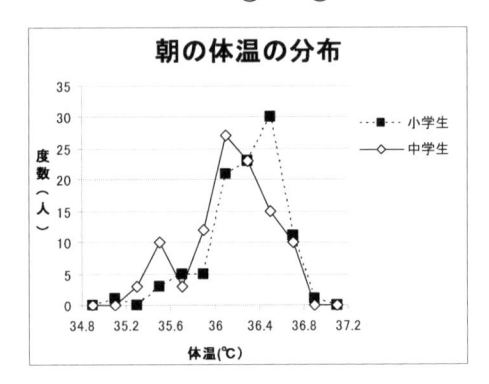

① この度数分布表の階級の幅は 0.2（℃）である．

② 階級値が約 36.1（℃）の階級の度数は，小学生の方が多い．

③ この調査で，最も体温が低かったのは中学生である．

④ 36.4（℃）以上の人数は，中学生の方が多い．

5. 分布の位置を表す代表値

> この章での目標

- ■ 分布の位置を表す代表値の意味とその必要性を理解する
- ■ 3つの代表値の特徴を理解し,適切に用いることができる
- ■ 代表値を用いて分布の様子を説明できる

■■■ Key Words

- ・平均
- ・中央値
- ・最頻値

第5章 分布の位置を表す代表値

§5.1 3つの代表値

量的変数の分布を調べる際には，観測値を度数分布表やヒストグラムに表すことによって，全体的な特徴をつかむことができた。ここでは分布の中心的な位置を1つの数字のみで代表させることを考えよう。以下では，分布の中心的な傾向を表す値のうち，最も広く用いられている代表値を紹介する。

量的変数の位置の代表値としては，平均，中央値，最頻値の3つがよく用いられる。

平均

平均（**平均値**ともいう）は，広く用いられる位置の代表値で，変数xの平均は次の式で定義される（総和記号$\sum$については7.4節(p.79)に記している）。

$$\bar{x} = \frac{観測値の合計}{観測値の個数} = \frac{x_1 + \cdots + x_n}{n} = \frac{1}{n}\sum_{i=1}^{n} x_i$$

一般に$x_1, \cdots, x_n$の平均を$\bar{x}$と表し，エックスバーと読む。たとえば，第4章で用いた学校給食のエネルギー量の例では，最初の5日のエネルギー量x_1, x_2, x_3, x_4, x_5はそれぞれ

526, 380, 392, 294, 411 (kcal)

である。この$n=5$（日）のエネルギー量の合計は2,003(kcal)，平均は400.6(kcal)となる。

平均は比較的意味をとらえやすく，計算も容易であることから，分布の中心の位置の代表値として用いられることが多い。第4章で用いた男子学生の身長データの分布のように，ひと山でほぼ左右対称の分布となる変数

の場合には，平均は分布の中心の最も観測値の個数が多い位置を表す。

しかし，分布によってはこのように平均を解釈できない場合もある。たとえば，上の5日のエネルギー量に698(kcal)（32日の中での最大値）を加えた6つの観測値の平均を計算すると450.2(kcal)となる。ところが，この平均に最も近い観測値は411(kcal)となり，平均の近くにはあまり観測値がない。極端に大きな観測値や小さな観測値（はずれ値という）が含まれていると，平均はその影響を強く受けるため，代表性の解釈には注意が必要となる。

中央値

分布の中心を表すために，大きさの順に並べ替えたときに真ん中に位置する観測値の値を中央値（**中位数**または**メジアン，メディアン**）という。

上の5日の給食のエネルギー量を小さい順に並べると，
$$294, 380, 392, 411, 526$$
となる。真ん中の位置にあるのは3番目の392(kcal)であり，これが中央値である。ただし，これに698(kcal)を加えたデータでは，
$$294, 380, 392, 411, 526, 698$$
となる。この場合には，ちょうど真ん中に来る観測値はないので，3番目と4番目の間を取って，(392+411)/2=401.5を中央値とする。一般に，n個の観測値 $x_1, \cdots, x_n$ を小さい順に並べたものを
$$x_{(1)} \leqq x_{(2)} \leqq \cdots \leqq x_{(n)}$$
とするとき（同じ値を取る観測値が複数ある場合でも重複した回数だけ並べる），n が奇数の場合には $x_{(\frac{n+1}{2})}$ を中央値とし，n が偶数の場合には $x_{(\frac{n}{2})}$ と $x_{(\frac{n}{2}+1)}$ の平均を中央値とする。中央値ははずれ値の有無にほとんど影響されないという点で，平均とは異なる性質をもっている。

最頻値

最頻値（モードともいう）は，最も頻繁に出現する値を意味している。世帯人員数のように離散変数の場合にはその定義は明確であるが，エネルギー量のような連続変数の場合には同じ値を取ることは少ないため，度数分布表を作成し，最も度数の大きな階級の代表値を最頻値とすることが多い。4.2節(p.40)で示した年間収入の分布のように，観測値の個数 n が大きくヒストグラムがなめらかな場合には，明確な意味をもつ。逆にデータの大きさ（観測値の個数）n が十分に大きくないときには，最も度数の大きな階級が2つ以上出現することがあり，このような場合にはあまり役に立たない尺度である。比較的度数の高い階級が複数ある場合には，その解釈は気をつけて行う必要がある。

[例] 下の度数分布表は，第4章で用いた学校給食の32日分のエネルギー量をまとめたものである。この度数分布表で最も度数の大きい階級は580〜630(kcal)である。この階級の代表値は605(kcal)であるから，これが最頻値となる。

階級		度数	相対度数
以上	未満		
280 〜	330	1	3.1%
330 〜	380	0	0.0%
380 〜	430	5	15.6%
430 〜	480	2	6.3%
480 〜	530	3	9.4%
530 〜	580	7	21.9%
580 〜	630	11	34.4%
630 〜	680	2	6.3%
680 〜	730	1	3.1%
合計		32	100%

左右対称でひと山の分布であれば，平均，中央値，最頻値は比較的近い値を示す。年間所得の分布のように右の裾が長い分布では，平均より中央値は小さくなり，最頻値はさらに小さくなる傾向がある。

§ 5.2 度数分布表からの平均の計算

集計された調査結果のように，個々の観測値は特定できず，度数分布表だけが与えられる場合に，度数分布表を利用して平均の計算を行うことがある。[例]の度数分布表から平均を計算してみよう。まず，それぞれの階級の代表値（階級値ともいう）を求める。たとえば，280〜330(kcal)の階級の代表値は $(280 + 330)/2 = 305$(kcal) である。各階級に含まれる観測値はすべて代表値に等しいものと仮定して平均を計算する。すなわち，それぞれの階級で代表値×度数を計算し，その合計を度数の合計で割ったものを平均とする。

階級の数を k，代表値を $m_1, m_2, \cdots, m_k$，度数を $f_1, f_2, \cdots, f_k$ とするとき，データの大きさは $n = f_1 + f_2 + \cdots + f_k = \sum f_i$ であり，度数分布表から求めた平均は

$$\frac{m_1 f_1 + m_2 f_2 + \cdots + m_k f_k}{n} = \frac{\sum m_i f_i}{\sum f_i}$$

と表される。[例]の平均は

$$\frac{305 \times 1 + \times 405 \times 5 + 455 \times 2 + 505 \times 3 + 555 \times 7 + 605 \times 11 + 655 \times 2 + 705 \times 1}{32}$$
$$= 540.9$$

となる（総和記号 ($\sum$) については7.4節を参照）。

それぞれの観測値は，それが含まれる階級の代表値±(階級幅)/2 の範囲に入るので，個々の観測値を用いて求めた平均は，度数分布表から計算した平均±(階級幅)/2 の範囲にある。上の例では階級幅は 50(kcal) だから 540.9±25（=515.9 以上 565.9 未満）の範囲にある。実際の観測値から計算された平均は 540.0(kcal) であり，たしかにこの範囲に含まれている。

■■■ **練習問題** （解答は198ページです）

問 5.1 次は，10人の学生が与えられた時間内に仕上げた課題数を調べたデータである。

$$5, 5, 5, 10, 10, 10, 10, 15, 20, 50 \quad （単位：題）$$

このデータに関する記述として，誤っているものを次の①〜④のうちから一つ選べ。

① 中央値は15（題）である。
② 平均は14（題）である。
③ 最頻値は10（題）である。
④ 最大値は50（題）である。

問 5.2 代表値の特徴に関する記述として，適切でないものを次の①〜④のうちから一つ選べ。

① データの大きさnが小さいときには最頻値が明確な意味をもたないことがある。
② 最大値よりも大きな観測値を1つ加えると，中央値は必ず大きくなる。
③ 最大値よりも大きな観測値を1つ加えると，平均は必ず大きくなる。
④ 左右対称でひと山の分布をしているときには，平均，中央値，最頻値，はいずれも近い値となる。

問 5.3　あるクラスで先月のボランティア活動の時間を調べたところ，次のような度数分布表が得られた。この度数分布表からわかることとして，適切でないものを下の①〜④のうちから一つ選べ。

時間			度数
以上		未満	
0	〜	2	10
2	〜	4	16
4	〜	6	5
6	〜	8	3
8	〜	10	1
合計			35

① 中央値は，2時間以上4時間未満である。

② 最頻値は3時間である。

③ この度数分布表から計算される平均は，約3.2時間である。

④ 個々の時間から求めた平均は，1.2時間以上4.2時間未満である。

6.5数要約と箱ひげ図

この章での目標

- データの分布の特徴を表す5つの数値を求め，分布を要約することができる
- データの散らばりの程度を求めて分布を把握し，複数のデータの散らばりを比較することができる
- 5数要約を用いて箱ひげ図を描き，分布を理解することができる

▪▪▫ Key Words

- 分位数
- 四分位数（第1四分位数，第3四分位数）
- 範囲
- 四分位範囲
- 箱ひげ図
- 並列箱ひげ図

§6.1 分位数と5数要約

ヒストグラムや度数分布を用いて，データの分布を見る方法は第4章で解説した。この章では分布の形を表現するその他の手法を紹介する。グラフや表から大まかな情報は得られるが，正確な値を図表から読みとることは容易ではない。もう少し詳細に分布の形状を明らかにするために**分位数**（または**分位点**）が用いられる。分位数とはデータを大きさの順に並べ，データ全体をいくつかのグループに観測値の個数で等分した際の境界となる値である。データ全体を4等分した場合の**四分位数**はよく使われる。

最初の境界値を**第1四分位数**（Q_1 と表す），次の境界値を第2四分位数（中央値 M と同値），次の境界値を**第3四分位数**（Q_3）と呼ぶ。これらは単に第1四分位，第3四分位とも呼ばれる。データ全体を100等分する99個の点は第1百分位点から第99百分位点であるが，これらは1パーセント点，99パーセント点などと呼ばれることが多い。

4.1節で説明したように，度数分布をグラフにしたものがヒストグラムであるが，累積（相対）度数分布をグラフにすると図6.1の上段のようになる。下段は対応するヒストグラムである。

この図でわかるように，累積度数分布のグラフは，ヒストグラムの各階級の長方形の左下を，その前の階級の長方形の右上に重ねるように積み上げたものである。

変数の値を x としたとき，累積度数分布のグラフの高さを $F(x)$ と表すと，$F(x)$ は「x 以下となる観測値の度数（または相対度数）の合計はいくらか」という問いに対する答えとなっている。図6.1は，観測値の個数（データの大きさ）n がそれほど大きくない場合の例であるが，このよう

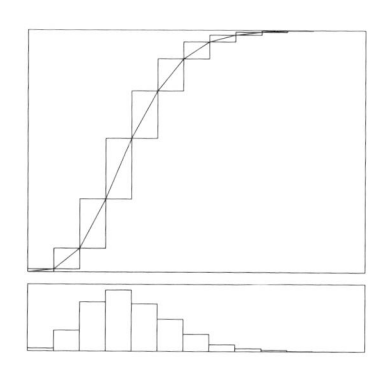

図 6.1 ヒストグラムと累積度数分布（連続的変数の場合）

な場合には，累積度数分布は図に示した折れ線で描くことも多い。折れ線は，各階級の中に等間隔で多数の観測値が出現しているとみなした場合に得られる $F(x)$ を与えていることになる。

ヒストグラムと累積度数分布との関係は，観測値の個数 n が非常に大きい場合には，より明確になる。相対度数で表すと，図 6.2 のようになめらかなヒストグラムが得られる。ヒストグラムで影をつけた部分の面積は，観測値が $x \leqq P$ となる割合を表している。累積相対度数分布のグラフをヒストグラムの真上に描くと，$F(x) = p$ が影の部分の面積，すなわち割合を示すことになる。逆に図 6.2 の上段で縦軸を p とすると，$F(x) = p$ となるような横軸 x の値が P となることが読み取れる。これが一般的な**分位点（分位数）**の定義である。たとえば $p = 0.35$ なら対応する P は 35 パーセント点，$p = 0.5$ なら対応する M は中央値である。

分位数を用いることで大まかな分布の形状を把握することができ，分布が左右対称か，あるいはどちらかの裾が長いかなどを知ることができる。

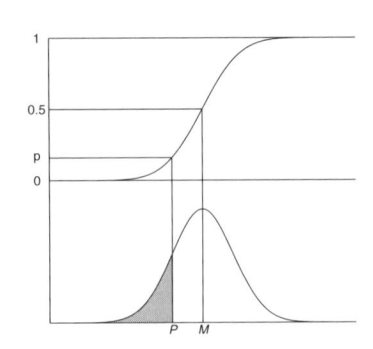

図 6.2 相対度数分布と累積相対度数分布の関係

たとえば，母子手帳のデータを集めれば乳幼児の身長や体重の上位5%，下位5%の値を知ることができる。総務省が実施する家計調査では，全国の世帯について所得の五分位数や十分位数の値が公表されており，世帯間の所得分布の把握などに使われている。

分位数を計算する方法はいくつか提案されている。たとえば高等学校の教科書では，観測値を小さい順に並べ，まず中央値（M すなわち第2四分位数）を求める。次に中央値より小さい部分のデータを考え，このデータの中央値を第1四分位数（Q_1）とし，中央値（M）より大きい部分の中央値を第3四分位数（Q_3）とする。その方法では Q_1, Q_3 を求めるときには中央値を含まない。表計算ソフトウェアや専門の統計解析ソフトウェアでは異なる手法が用いられることもあるが，データの大きさ n が増えるとほとんど変わらないため，求め方よりも意味を理解することが重要である。なお最小値，第1四分位数，第2四分位数（中央値），第3四分位数，最大値の5つの数をまとめて，**5数要約**と呼び，分布の形状を判断する

ために用いられる。

対称な分布では Q_1, Q_3 から M までの距離はほぼ等しい。また極端なはずれ値が存在しなければ最大値と最小値も中央値 M に関して対称に近い位置にあることが期待される。もし $Q_3 - M$ が $M - Q_1$ よりも大きければ、右の裾が長いことが予想される。

例題 6.1 クラスのある日の通学時間（分）を測定した結果、次の表のような結果を得た。このデータの中央値はいくらか。またこのデータでヒストグラムを描いた場合、どのような形になるか、A,B,C の中から選びなさい。

最小値	7 分
第 1 四分位数	12 分
第 2 四分位数	18 分
平均	25 分
第 3 四分位数	28 分
最大値	57 分

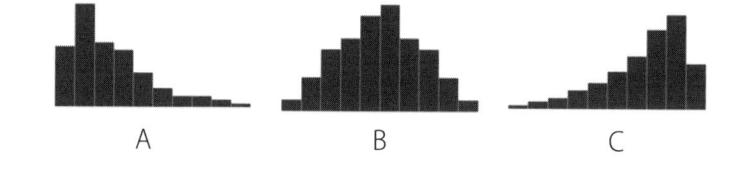

(答)

中央値 M は第 2 四分位数と一致するため、表から 18 分である。一方、第 1 四分位 (Q_1) と M の差は 6 分、M と第 3 四分位 (Q_3) との差は 10 分となっていること、最小値と M の差は 11 分、M と最大値の差は 39 分となっていることから、分布は左右対称ではなく、右の裾が長いと判断できる。これから 3 つのグラフのなかでは A のヒストグラムがこのデータの概形を示していると考えられる。

§6.2 データの散らばりを考える

あるファストフードチェーンのSサイズのドリンクは150(ml)とポスターに書かれていた。このチェーン店のA店とB店の2店舗でそれぞれ30個を調べたところ，次の表6.1のようなデータが得られた。

表6.1

	A店(ml)	B店(ml)
最小値	121	140
第1四分位数	138	146
第2四分位数	148	149
平均	150	150
第3四分位数	164	153
最大値	182	156

平均値はいずれも150(ml)に近いがデータの散らばりの程度は異なっている。このような商品の場合，同様のサービスを提供するためには，散らばりの程度を小さくすることが望ましいであろう。

データの散らばり（あるいはばらつき）の程度を測る代表値（尺度）はいくつか考えられる。そのうちの1つは，最大値と最小値の差として定義される**範囲**または**レンジ**であり，記号ではRと書く。上記のA店については最大値182(ml)，最小値121(ml)だから，範囲は$R = 182 - 121 = 61$(ml)である。

範囲は極端な観測値（はずれ値）があると大きく影響されるため，はずれ値の影響を避けるために中央値に近い半分の観測値を含む長さを散らばりの尺度として考えることが多い。$Q_3 - Q_1$を**四分位範囲** (Inter Quartile Range, IQR) と呼び，この尺度ははずれ値の影響をほとんど受けない。

なお IQR/2 を四分位偏差と呼ぶことがある。上記の A 店の四分位範囲は IQR= $164 - 138 = 26$(ml) である。

範囲と四分位範囲はいずれもその値が大きいほど観測値が散らばっていることを意味し，値が小さいほど狭い範囲に観測値が集まっていることを意味する。

例題 6.2 上記のデータの B 店の範囲と四分位範囲を求め，A 店と B 店を比較せよ。

(答)

B 店の範囲は，$R = 156 - 140 = 16$(ml)，四分位範囲は IQR= $153 - 146 = 7$(ml)。A 店と B 店の範囲と四分位範囲を比較すると，両方とも B 店の方が A 店よりも小さく，商品の量の散らばりが小さいといえる。

§ 6.3 複数のデータの分布を比較する

日本では四季によって気温の変化があり，月ごとにみても気温の変動が大きい月や小さい月がある。ところで 1 年間（12 か月）を表すためには 12 個のヒストグラムが必要であるが，これらを並べて表示することは容易ではない。このように複数のデータの分布を比較するには **箱ひげ図** と呼ばれるグラフが有用である。

そのうちの基本的な箱ひげ図は図 6.3 のように，最小値と最大値でひげの端を，第 1 四分位数と第 3 四分位数で箱の両端をそれぞれ表すグラフで，ヒストグラムと同様の情報を簡略化して表したものである。

同じ目盛を用いて複数のデータの箱ひげ図を並べて描くことによって，多数の異なるデータの比較が可能となる．例題 6.3 のように，複数の箱ひげ図を同時に描いたものを並列箱ひげ図と呼ぶことがある．

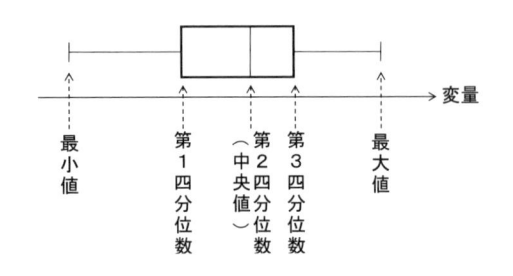

図 6.3 箱ひげ図

定義からひげの両端の間の長さが範囲を表し，箱の長さが四分位範囲を表す．左または右の裾が長い場合と対称な場合について，箱ひげ図とヒストグラムの対応は図 6.4 のようになる．なお箱ひげ図はヒストグラムと異なり，複数の山をもつ分布を適切に表すことができないため，そのような特殊なデータの場合は，注意が必要である．

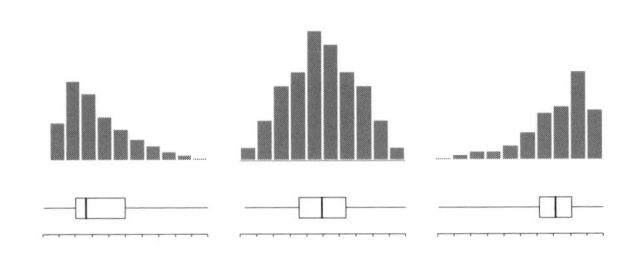

図 6.4 箱ひげ図とヒストグラム

山が 2 つある例として，図 6.5 にアメリカの国立公園にある間欠泉で観測された，噴出と噴出の間の時間（分）についてのヒストグラムと箱ひげ図を示す．箱ひげ図は便利な手法であるが，山が 1 つある場合に有効であ

り，このような特殊な分布では十分な情報を集約できない。

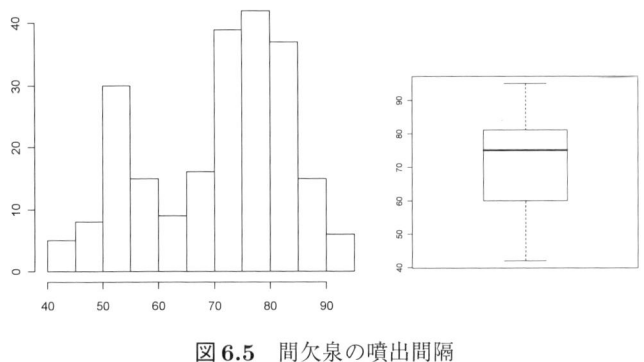

図 6.5 　間欠泉の噴出間隔

> **例題 6.3** 　次の図は 2009 年 7 月の 3 つの地域の日平均気温のデータの箱ひげ図である。箱ひげ図から読みとれるそれぞれの地域の特徴を述べよ。 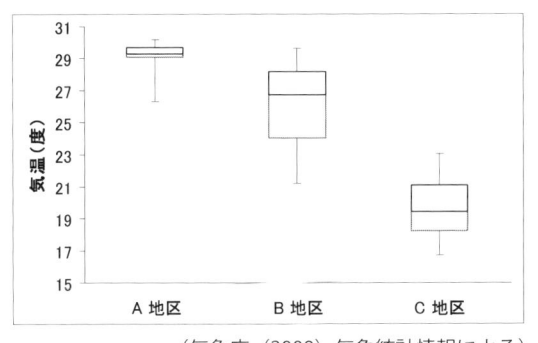
>
> （気象庁（2009）気象統計情報による）

（答）

　B 地区と C 地区では中央値の値は異なるが，箱ひげ図の表す四分位範囲の大きさとひげの長さには極端な違いはなく，データの散らばり方は比較的似ている。A 地区は他の地区に比べて箱の長さが短い。これは気温の差

があまりない日が15日以上あることを示している。

━━━ ティータイム ━━━ ・・・・・・・・・・・・・・・・・・・・・・・・・・・ ● 分位点の計算方法

　分位点の概念は n が大きいときには明確であるが，現実的なデータで n がそれほど大きくない場合には，分位点を求めるのに工夫が必要となる。

　最も簡単と思われる中央値についてさえ，データの大きさ n が奇数の場合には中央の観測値は1個だけなので明確だが，$n=10$ と偶数の場合には必ずしも5番目と6番目の平均とする必要はなく，その他の提案もある。

　四分位数については本文中の計算手順の他，n を4で割った余りによって異なる手順を利用する方法も広く使われている。さらに一般の分位点（たとえば90パーセント点）では，さまざまな手順が提案されている。

　箱ひげ図や幹葉表示は，はずれ値の影響が少ない実用的な手法として開発されたものである。したがって6.4節に紹介する通り，本来の箱ひげ図で用いられたヒンジ（四分位に相当する値）も単純な計算法が用いられている。具体的な計算方法については『統計検定2級対応　統計学基礎』に記述してあるが，n が大きく，ヒストグラムおよび累積度数分布が滑らかであれば，これらの手法はほとんど差がない。

§ 6.4　[補足] 要約表示と箱ひげ図

　探索的データ解析 (EDA) とは，はずれ値の影響を受けにくく，かつ実用的な一連の手法を指す用語である。そのうち，特に広く利用されるようになったものに要約表示と箱ひげ図がある。

要約表示　観測値の個数 n が非常に大きいデータはともかく，比較的 n の小さいデータについては，幹葉表示と並んで表6.2にその例を示す要約表示 (または文字値表示 Letter-Value-Display) が用いられる。5数要約

は，このうちの5つの数値を取り出した簡易版である．

表 6.2 (a) 県民所得 (income)

$n=47$				
		下方	上方	中央 幅
M	24		2752.0	2752.0
Q	12.5	2409.5	2940.5	2675.0 531.0
E	6.5	2279.0	3148.5	2713.8 869.5
1	1	2039.0	4607.0	3323.0 2568.0

表 6.2 (b) 商業販売額 (sales)

$n=47$				
		下方	上方	中央 幅
M	24		2894.9	2894.9
Q	12.5	2639.2	3294.3	2966.7 655.1
E	6.5	2513.2	4118.2	3315.7 1605.0
1	1	2185.7	10620.8	6403.3 8435.1

表 6.2 (c) 粗出生率 (birth)

$n=47$				
		下方	上方	中央 幅
M	24		8.35	8.35
Q	12.5	7.78	8.55	8.17 0.77
E	6.5	7.59	8.65	8.12 1.06
1	1	6.72	11.84	9.28 5.12

表6.2は総務省が公表している都道府県データのうち，「(1人あたり) 県民所得」，「(従業者1人あたり) 商業販売額」，「粗出生率」を要約したものである．表6.2の上段の $n=47$ はデータの大きさ，その下の一番左の列にある M, Q, E は，それぞれ中央値，4分の1，8分の1を表し，その右に記された数値は深度 (depth) である．深度とは，観測値を大きさの順に並べたとき，小さい方，あるいは大きい方から数えて何番目にあたるかを表す数字で，最大値，最小値の深度をそれぞれ1として，両端から数えて M の深度がもっとも大きくなる．

中央値 M の深度を $d(M) = (n+1)/2$ と定め，次のように解釈する．n が奇数のときは，ちょうど真ん中の観測値が存在し，その深度は $d(M)$ である．n が偶数のときは，深度が $n/2$ となる観測値が2つあるため，それらの平均とする．以上の中央値の定義は，EDAに限らず広く利用されているものである．続いて Q の深度を $d(Q) = ([d(M)]+1)/2$ と定める．ここで $[\ ]$ は切捨てを表す記号で，たとえば $[12.5] = 12$ である．これは，中央値を境にデータを上下2つに分割し，それぞれで中央値を求める手順を適用するものである．n が奇数の場合は，データ全体の M は上下いずれのグループにも含めることになる点で，高等学校の教科書が採用している手法と微妙に異なる．

n がある程度の大きさであれば，続いて第1と第7八分位に相当する E の深度を $d(E) = ([d(Q)]+1)/2$ と定め，以下，1/16なども同じ手順で計

算する。このように単純な手順を用いるのが EDA の特徴である。要約表示の「下方」「上方」の列には，Q, E などの分位点が表示される。その右の「中央」という列はこれらの分位点の平均であり，左右対称な分布なら，深度にかかわらずほぼ一定の値を取る。表の一番右にある「幅」の意味も明らかだろう。深度 1 に対応する幅は範囲 R，Q に対応する幅は四分位範囲 IQR である。

箱ひげ図　要約表示をグラフ化したものが箱図 (boxplot) または箱ひげ図 (box-and-whisker plot) である。そのうち**基本箱ひげ図** (skeletal boxplot) は，図 6.3 のように Q_1, M, Q_3 を表す箱から，最大値，最小値までひげを伸ばしたものである。これに対して通常の箱ひげ図では，はずれ値が表示される。EDA で用いるはずれ値の基準として，(1) 四分位点の外側で，四分位範囲の 1.5 倍より離れたもの，(2) 四分位点の外側で，四分位範囲の 3 倍より離れたもの，の 2 つがあるが，(1) と (2) を区別せず単にはずれ値とすることも多い。

　図 6.6 の income（県民所得）と birth（出生率）では 1 つずつはずれ値が表示されている。それぞれ，東京と沖縄である。また sales（商業販売額）では 5 つのはずれ値があり，大きい順に東京，大阪，愛知，宮城，福岡である。

　これらの図を比較して，分布の非対称性の程度と，それぞれの読み方を確認してほしい。ヒストグラム，箱ひげ図，いずれも分布の形を判断するために用いられるが，一長一短がある。

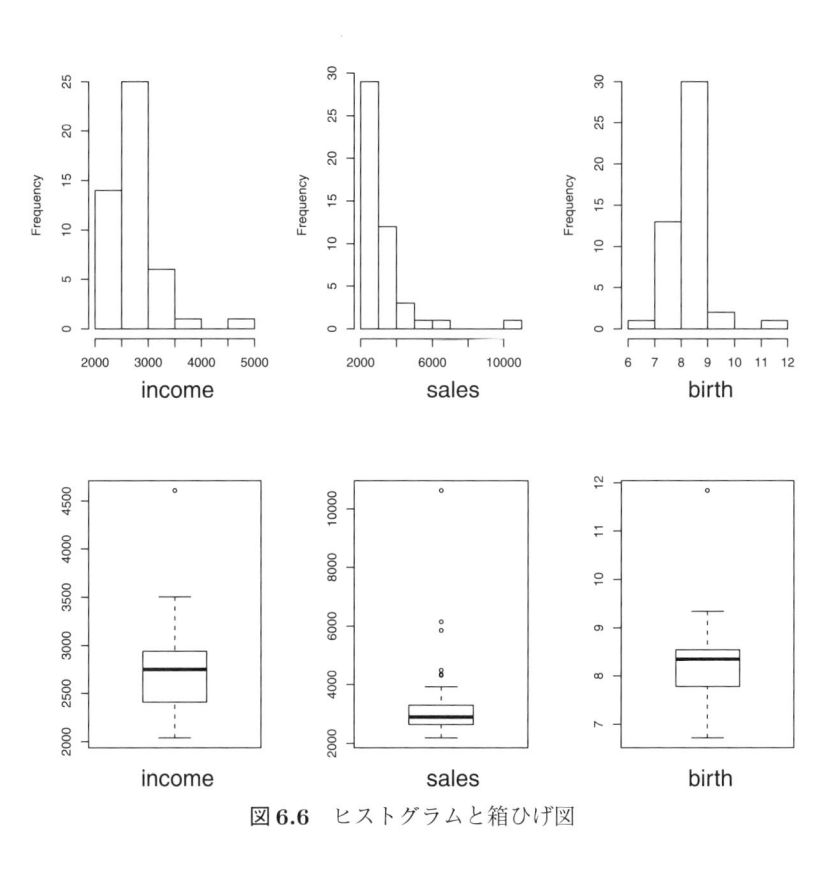

§6.4 ［補足］要約表示と箱ひげ図　　67

図 6.6　ヒストグラムと箱ひげ図

■■■ 練習問題
(解答は 199 ページです)

問 6.1 ある小学校の卒業生を対象に，卒業までに図書館から借りた本の冊数を調査した結果，次のデータを得た（仮想データ）。

最小値	1 冊
第 1 四分位数	9 冊
第 2 四分位数	12 冊
平均	18 冊
第 3 四分位数	23 冊
最大値	126 冊

この結果から次の 2 つのことを考えた。

A：卒業までに半数の児童が 18 冊以上の本を図書館から借りている。

B：借りた本の冊数は平均よりも少なかった児童が過半数である。

このとき，2 つの考えについて適切な組合せは次の ① 〜 ④ のうちどれか。

① A も B も正しい
② A のみ正しい
③ B のみ正しい
④ A も B も正しくない

問 6.2　ある大学で統計学の試験を行った結果，次の累積相対度数グラフを得た。

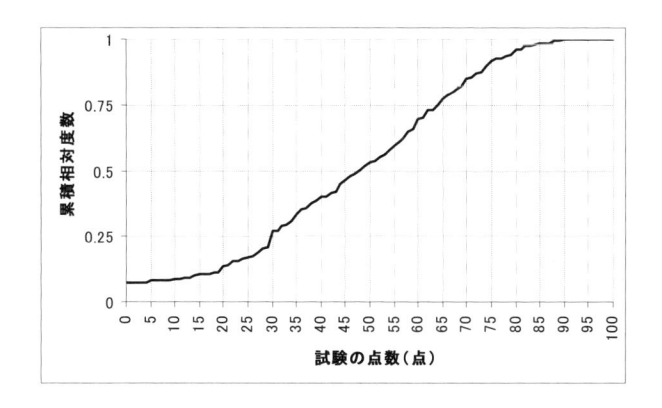

この図からわかることは何か。下の ① 〜 ⑤ のうちから最も適切なものを一つ選べ。

A：0 点を取った人がいる。
B：100 点を取った人がいる。
C：四分位範囲は 30 点である。

① A のみ正しい
② B のみ正しい
③ C のみ正しい
④ すべて正しい
⑤ すべて正しくない

問 6.3　ある店舗で顧客 100 人の過去 1 か月間の来店回数をたずねて，次の表のような結果が得られた。

四分位数	第1四分位数	第2四分位数	第3四分位数
来店回数	3	8	16

この表から読み取れることとして，次の①〜⑤のうちから最も適切なもの一つ選べ。

① 半分より多くの顧客の回数は 8 回未満である。

② 100 回以上来店している顧客はいない。

③ 顧客を来店回数の小さい順で並べ替えたところ，25 番目の人は 3 回来店していた。

④ 顧客を来店回数の小さい順で並べ替えたところ，来店回数が多い上位 20% の人は少なくとも 16 回以上来店している。

⑤ 表からは上の①〜④のことはどれもいえない。

問 6.4 A と B の 2 つのグループでハンドボール投げを実施した。その結果，それぞれのグループの結果が下の図である。

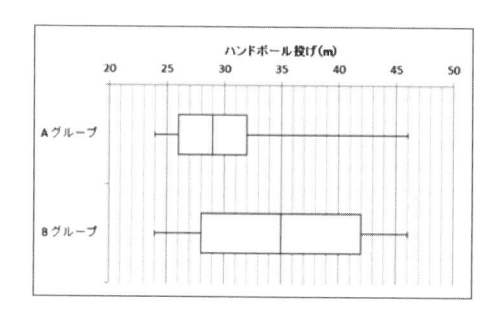

下の ①〜④ のうちから最も適切なもの一つ選べ。

I: A のグループよりも B のグループの範囲が大きい。
II: A のグループよりも B のグループの四分位範囲が大きい。

① I のみ正しい
② II のみ正しい
③ 両方とも正しい
④ 両方とも正しくない

問 6.5 ある店で過去 1 か月間, 1 日の来店者数を調べて, 次のヒストグラムが得られた。

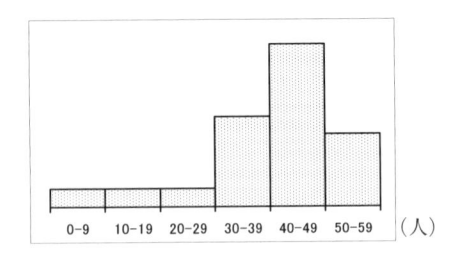

このヒストグラムを箱ひげ図で表した場合, 下の ① ～ ⑤ のうちから最も適切なものを一つ選べ。

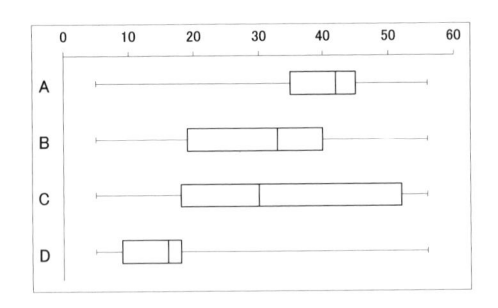

① ヒストグラムと箱ひげ図は全く異なるため, 大まかであっても描くことはできない。

② このヒストグラムを箱ひげ図で描くと, 上の箱ひげ図の中では A が近いといえる。

③ このヒストグラムを箱ひげ図で描くと, 上の箱ひげ図の中では B が近いといえる。

④ このヒストグラムを箱ひげ図で描くと, 上の箱ひげ図の中では C が近いといえる。

⑤ このヒストグラムを箱ひげ図で描くと, 上の箱ひげ図の中では D が近いといえる。

7. 分散と標準偏差

この章での目標

- 個々の観測値の散らばりの程度の概念を理解する
- データの散らばりの程度を数量的に求め,分布の把握やグループを比較することができる

Key Words

- 偏差
- 平均偏差
- 分散
- 標準偏差
- 変動係数
- 正規分布

§7.1 観測値の散らばりの程度

範囲や四分位範囲のほかにも，データの散らばりの程度を数値化する指標が用いられている。

まず各観測値の散らばりを考えるために観測値からデータの平均を引いた差を考える。この値を**偏差**と呼ぶ。変数を x と表すとき i 番目の観測値 x_i については

$$偏差 = 観測値 - 平均値 = x_i - \bar{x}$$

である。

偏差は各観測値と平均値の差を表し，偏差が正の値のときは $x_i > \bar{x}$，負の値のときは $x_i < \bar{x}$ を意味する。定義より偏差の合計は 0 となる。すなわち $\sum_{i=1}^{n}(x_i - \bar{x}) = \sum_{i=1}^{n} x_i - n\bar{x} = n\bar{x} - n\bar{x} = 0$ である。したがって偏差の平均も 0 である。そこで，データ全体の散らばりを考える場合は，偏差の絶対値の平均値 $\frac{1}{n}\sum_{i=1}^{n}|x_i - \bar{x}|$，または偏差を平方した値の平均値 $\frac{1}{n}\sum_{i=1}^{n}(x_i - \bar{x})^2$ を考える。前者を**平均偏差**，後者を**分散**と呼ぶ。

なお分散の単位は観測値の平方で，平均とは単位が異なって解釈が難しい。そこで分散の正の平方根を取り，その値を**標準偏差**と呼ぶ。分散を s^2，標準偏差を s と表すことが多い。また，分散の定義において n で割るかわりに $n-1$ で割る定義もよく用いられることに注意が必要である。

分散，標準偏差，平均偏差は範囲，四分位範囲と同様にデータの散らばりを表し，値が大きいとデータが散らばっている，値が小さいと平均値の周りに観測値が集中していることを表している。

ティータイム　　　　　　　　　　　　　　　　正規分布の特徴

データが正規分布と呼ばれる左右対称，1つの山型の分布に従う場合，理論的に区間に含まれる観測値の割合を求めることができる。このとき，平均値 − 標準偏差から平均値 + 標準偏差の間にデータ全体の約68％，平均値 − (2×標準偏差) から平均値 + (2×標準偏差) の間にデータ全体の約95％，平均値 − (3×標準偏差) から平均値 + (3×標準偏差) の間にデータ全体の約99.7％が含まれていることが理論上いえる。

人の身長やよく管理された製品の寸法の分布などは，正規分布に近いことが知られている。

例題 7.1　ある月の2つの地区の気温のデータが下の表のように表されているとき，それぞれの分散，標準偏差，平均偏差を求めなさい。またこのとき観測値のばらつきが少ないのは那覇と札幌のどちらであるかを述べなさい。

日付	那覇	札幌	那覇の偏差	札幌の偏差	那覇の偏差の絶対値	札幌の偏差の絶対値	那覇の偏差の平方	札幌の偏差の平方
1	29.2	19.4	0.00	0.30	0	0.3	0.00	0.09
2	28.7	18.5	−0.50	−1.20	0.5	1.2	0.25	1.44
3	26.3	17.1	−2.90	−2.60	2.9	2.6	8.41	6.76
...	...	...	...	...	...	...	...	...
31	30.2	22.0	1.00	2.30	1	2.3	1.00	5.29
平均	29.2	19.7	0.00	0.00	0.60	2	0.81	3.31

(答)

上記の表の最下行と定義から，那覇地区の分散は0.81，札幌地区の分散は3.31である。これから標準偏差を計算すると那覇地区は $\sqrt{0.81} = 0.90$ 度，札幌地区は $\sqrt{3.31} = 1.82$ 度となる。平均偏差は，那覇地区は0.6度，札幌地区は2.0度である。一部の観測値は見えないが，指標のみで考えると，3つの指標とも那覇のデータの方が小さく，札幌と比べて気温の散らばりが小さいと考えられる。

§7.2 単位の変換と平均値，分散，標準偏差

変数 x についての n 個の観測値を $x_1, \cdots, x_n$ とし，これらの平均値と分散を

$$\bar{x} = \frac{1}{n}(x_1 + x_2 + \cdots + x_n) = \frac{1}{n}\sum_{i=1}^{n} x_i$$

$$s_x^2 = \frac{1}{n}[(x_1 - \bar{x})^2 + \cdots + (x_n - \bar{x})^2] = \frac{1}{n}\sum_{i=1}^{n}(x_i - \bar{x})^2$$

とおく。ここで a, b を定数として $y = ax + b$ のように単位を変換したときの観測値を $y_1 = ax_1 + b, \cdots, y_n = ax_n + b$ とおく。このような単位の変換は，たとえば摂氏で表した温度を華氏で表す場合に生じる。ここで y の平均値 $\bar{y}$ と分散 s_y^2 は，総和記号の性質（7.4節参照）を用いて

$$\bar{y} = \frac{1}{n}\sum_{i=1}^{n}(ax_i + b) = \frac{1}{n}\left(a\sum_{i=1}^{n} x_i + nb\right) = a\bar{x} + b$$

$$\begin{aligned} s_y^2 &= \frac{1}{n}\sum_{i=1}^{n}(y_i - \bar{y})^2 = \frac{1}{n}\sum_{i=1}^{n}(ax_i + b - a\bar{x} - b)^2 \\ &= \frac{1}{n}\sum_{i=1}^{n}(ax_i - a\bar{x})^2 = a^2 \frac{1}{n}\sum_{i=1}^{n}(x_i - \bar{x})^2 \\ &= a^2 s_x^2 \end{aligned}$$

と表される。正の平方根を取ると，標準偏差の間の関係は

$$s_y = |a| s_x$$

である。

このような単位の変換は，平均値を計算するために**仮平均**を用いる際にも利用できる。たとえば $n = 4$ 個の観測値 $x_1 = 95$, $x_2 = 100$, $x_3 = 105$,

$x_4 = 110$ の平均値を求めることを考えよう。これらの値から仮平均 100 を引いて5で割ると，$y_1 = -1$，$y_2 = 0$，$y_3 = 1$，$y_4 = 2$ となり y の平均は $\bar{y} = (-1+0+1+2)/4 = 0.5$ と容易に求められる。このことから

$$\bar{x} = 100 + 5 \times 0.5 = 102.5$$

と計算することができる。分散については，$\sum_{i=1}^{n}(x_i - \bar{x})^2 = \sum_{i=1}^{n} x_i^2 - n\bar{x}^2$ と変形することができるが，この式を直接 $x_1, \cdots, x_n$ に適用することは不適当であり，まず y の分散を計算する。今の例では $\sum_{i=1}^{n}(y_i - \bar{y})^2 = \sum_{i=1}^{n} y_i^2 - n\bar{y}^2$ において $\sum_{i=1}^{n} y_i^2 = (-1)^2 + 0 + 1^2 + 2^2 = 6$ より，$\sum_{i=1}^{n} y_i^2 - n\bar{y}^2 = 6 - 4(2/4)^2 = 5$ だから $s_y^2 = 5/4 = 1.25$。これから $s_x^2 = 5^2 \times 1.25 = 31.25$，$s_x = 5.59$ と求められる。

例題 7.2 ある試験の点数については平均値 54 点，標準偏差が 12 点であった。ここで各受験生の点数を一律 1.5 倍にしたときと，一律 15 点を加えたときの平均値と標準偏差の値を求めなさい。

(答)

点数を一律 1.5 倍にしたときの平均値は $1.5 \times 54 = 81$(点)，標準偏差は，$1.5 \times 12 = 18$(点) となる。また一律 15 点を加えたときの平均値は $54 + 15 = 69$(点)，標準偏差は変わらず 12 点となる。

§7.3 変動係数で散らばりを考える

散らばりの程度を考える際に平均値の大きさを考慮しないと誤った解釈をする恐れがある。たとえば，ある企業の従業者の年収を考えた際に管理職の年収の標準偏差が450万円，平均値は2千万円，アルバイト・フリーターの年収の標準偏差は30万円，平均値は100万円としよう。このとき管理職の年収の標準偏差のほうがはるかに大きいが，解釈として「管理職の年収のばらつきはアルバイトより大きい」と考えるのは適切とはいえない。管理職の平均年収はアルバイトの20倍なのに，標準偏差は15倍だから，ばらつきはかえって小さいと考えることもできる。このようなときは，標準偏差を平均値で割った**変動係数**と呼ばれる値を用いることがある（単位は無名数となり％で表すことが多い）。この例では，管理者の変動係数は $450 \div 2000 = 0.225$，すなわち22.5％。アルバイト・フリーターの変動係数は $30 \div 100 = 0.3$，すなわち約30％であり，平均値に対するばらつきの程度はアルバイト・フリーターの方が大きいことがわかる。

このように散らばりの程度として変動係数を用いることが適切な場合がある。

例題 7.3 ある地区の小学生の登校時間は平均値10分，標準偏差5分だった。同じ地区の中学生の登校時間は平均値20分，標準偏差10分だった。それぞれの変動係数を求め，それぞれの散らばりの程度を比較せよ。

（答）

このデータではそれぞれの登校時間を測定しており，標準偏差は2倍の

違いがある。ただし平均値が大きく異なるため、変動係数を求めると小学校は $5/10 = 0.5$、すなわち 50%、中学校は $10/20 = 0.5$、すなわち 50% となる。このことから平均値の大きさに対しては小学校と中学校で同程度のばらつきであることがわかる。

§7.4　[補足] 総和記号 (Σ) の使い方

平均値を求める際には、n 個の観測値の和が必要である。また分散を求める時には偏差の2乗の和が必要である。このように統計では和をとることが多いが、和をとる操作を式で表す時に便利な記号が総和記号 (Σ) である。和は英語では summation というが、Σ の記号はギリシャ文字でローマ字の S にあたるシグマである。$x_1, \cdots, x_n$ の n 個の観測値の和 $x_1 + \cdots + x_n$ は総和記号を用いると

$$x_1 + \cdots + x_n = \sum_{i=1}^{n} x_i$$

と表される。x_i の下付きの小さい i は添字と呼ばれる。総和記号には次のような性質がある。$x_1 = \cdots = x_n = a$ が全て等しいときは、a が n 回足されるので

$$\sum_{i=1}^{n} a = na$$

である。各 x_i を定数倍して ax_i とした場合には

$$\sum_{i=1}^{n} (ax_i) = a \sum_{i=1}^{n} x_i$$

のように a を総和記号の外に出すことができる。また各 x_i が $x_i = y_i + z_i$ のように2つの数の和のときには、

$$\sum_{i=1}^{n}(y_i+z_i)=\sum_{i=1}^{n}y_i+\sum_{i=1}^{n}z_i$$

のように別々に和をとってそれらを加えることができる。これらを組み合わせると，a,b を定数として

$$\sum_{i=1}^{n}(ay_i+bz_i)=a\sum_{i=1}^{n}y_i+b\sum_{i=1}^{n}z_i$$

が成り立つ。なお添字の記号を変えて $\sum_{j=1}^{n}x_j$ と書いても意味は同じであり，範囲や添字を省略して $\sum_{i}x_i$ や $\sum_{1}^{n}x_i$ などと書くこともある。

練習問題 （解答は 200 ページです）

問 7.1 あるクラスで期末試験の得点から，次のような表を得た。

学生	点数	偏差	偏差の2乗
1	82	13.1	171.61
2	91	22.1	488.41
3	38	-30.9	954.81
…	…	…	…
20	69	0.1	0.01
合計	1378	0	5929.80
平均	68.9	0	296.49

このクラスの得点の標準偏差はいくらか。次の①〜④のうちから最も適切なものを一つ選べ。

① 5929.80 ② 296.49 ③ $\sqrt{296.49} \fallingdotseq 17.22$

④ この情報だけでは求められない。

問 7.2 ある試験のデータを調べると次のようになった。

最小値 0，第1四分位数 43，第2四分位数 62，平均値 59，第3四分位数 76，最大値 100

このデータから求められない情報はどれか。次の①〜④のうちから最も適切なものを一つ選べ。

① 中央値 ② 四分位範囲 ③ 範囲 ④ 標準偏差

問 7.3 次の2つのデータはそれぞれ大きさの順に並べてある。AとBで等しいものはどれか。下の①〜④のうちから最も適切なものを一つ選べ。

A：12, 14, 17, 23, 25, 34, 38, 39, 42, 52, 56, 58, 59, 64
B：27, 29, 32, 38, 40, 49, 53, 54, 57, 67, 71, 73, 74, 79

① 平均値　② 中央値　③ 分散　④ すべて異なっている

問 7.4 次の2つの度数分布表について，下の①〜④のうちから最も適切なものを一つ選べ。

個数	Aの度数	Bの度数
1	30	10
2	20	20
3	10	30
4	0	0
5	0	0
6	10	30
7	20	20
8	30	10

 I: AとBの平均値は等しい
 II: AとBの範囲は等しい
III: AとBの分散は等しい

① I のみ正しい

② I と II のみ正しい

③ I と III のみ正しい

④ すべて正しくない

問 7.5　あるクラスで読んだ本の冊数を調査したところ，平均 2 冊，標準偏差 1.2 冊だった．その後，入力ミスが見つかり，各人が読んだ本の冊数は，本当はそれぞれ 10 倍の数値であることがわかった（例：2 冊と入力された人は，本当は 20 冊読んでいた）．

　このとき，本当の冊数での平均値と標準偏差の正しい組合せを，次の①〜④のうちから一つ選べ．

① 平均値：2 (冊)，標準偏差：1.2 (冊)

② 平均値：2 (冊)，標準偏差：12 (冊)

③ 平均値：20 (冊)，標準偏差：1.2 (冊)

④ 平均値：20 (冊)，標準偏差：12 (冊)

8. 観測値の標準化とはずれ値

> この章での目標

- 観測値の標準化を理解し，単位等が異なる変数間の比較をすることができる
- はずれ値の考え方，客観的な検出方法を理解する

■■■ Key Words

- 標準化（基準化）
- z 値
- z スコア
- 偏差値
- はずれ値
- はずれ値の検出

§8.1 観測値の標準化

複数のデータを比較する場合，平均値や標準偏差が大きく異なると比較することが難しい。また，測定の単位が違う場合も同様の問題が生じる。

このような場合，データに**標準化**または**基準化**と呼ばれる処理を施し，統一した基準で比較することがある。身近な標準化の例としては成績の**偏差値**があげられよう。偏差値は特別な標準化の例であり，平均値や標準偏差が異なる科目の得点間の比較ができ，現状把握の一つの目安になっている。

観測値の標準化とは各観測値 x_i, $i = 1, \cdots, n$, に対して次の処理を施して z_i を求めることである。

$$z_i = \frac{観測値 - 平均値}{標準偏差} = \frac{x_i - \bar{x}}{s}$$

この処理によって標準化された値（これを **z 値**または **z スコア**と呼ぶときがある）は平均値 0，標準偏差 1 となる。

なお試験の偏差値は以下の式で求められる。

$$\frac{得点 - 得点の平均値}{得点の標準偏差} \times 10 + 50 = 10 z_i + 50$$

成績の場合，z を標準得点と呼ぶことがある。この式により，偏差値は平均値 50，標準偏差 10 の値を取ることがわかる。

> **例題 8.1** A君は定期試験で，国語の点数が 60 点，社会の点数が 70 点だった．学年全体の結果は，国語は平均 50 点，標準偏差 5 点，社会は平均値 50 点，標準偏差 20 点であった．このとき A 君は国語と社会ではどちらの方が，学年順位が高いと予想できるか述べよ．

(答)

国語と社会では，平均値はともに 50 点だが，標準偏差が大きく異なっている．このことからそれぞれの値の標準化を行ったところ，国語は $(60 - 50) \div 5 = 2$, 社会は $(70 - 50) \div 20 = 1$ となるため，一般に標準得点の値が大きい国語の方が社会よりも学年順位が高いと予想できる．

§ 8.2 データのはずれ値とその検出

調査や実験によってデータが得られるが，データの分布を確認せずに平均値や標準偏差を求めることは誤った解釈につながる恐れがあるため，注意が必要である．データが得られたらヒストグラムや箱ひげ図などの統計グラフを用いて，データ全体の分布を確認することが大切である．このことにより，複数の分布が混ざったデータになっていないか，他の観測値と比べ大きくはずれている観測値がないかなどを検証する．場合によっては，はずれた観測値を除いて計算するなど適切なデータの分析が可能である．

たとえば図 8.1 のヒストグラムのように他の観測値と大きく離れた観測値があった場合は，この観測値を除いて考えるか，このようなはずれた値の影響を受けづらい指標（統計量）を用いることを考える必要がある．このような他の観測値と比べ大きくはずれた観測値を**はずれ値**と呼ぶ．しか

し，一般的にはどの観測値をはずれ値とするかの判断は容易ではない。たとえば，平均 $\bar{x}$ から標準偏差 s の 3 倍以上離れた値をはずれ値とすると，そもそもはずれ値が存在するデータは $\bar{x}$ も s も大きくなり，はずれ値が見つからないこともある。

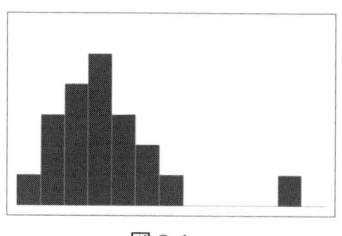

図 8.1

箱ひげ図は，はずれ値を検出するための簡易な手法であり，次のようにはずれ値を定義する。図 8.2 のように箱の両端から箱の長さ（四分位範囲 =IQR）の 1.5 倍よりも外側に離れている観測値を**はずれ値**と呼ぶ。最小値または最大値をひげの端の位置とするのは基本箱ひげ図と呼ばれる簡略型であり，箱ひげ図の中には図 8.2 のようにはずれ値を明示するようなものもある（6.4 節を参照のこと）。

第 1 四分位数 $-1.5 \times$ IQR と 第 3 四分位数 $+1.5 \times$ IQR の間にあるデータの最大値と最小値をひげの位置にして箱ひげ図を描き，ひげの外にある観測値を，「×」や「∗」などのマークで描くことがある。

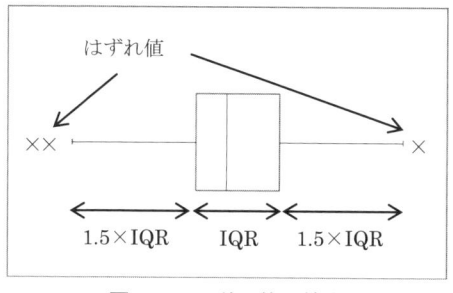

図 8.2 はずれ値の検出

例題 8.2 次のデータはあるクラスの 20 人の登校時間を測った結果である。

$$56, 24, 32, 19, 33, 60, 31, 23, 22, 87,$$
$$45, 47, 12, 28, 7, 12, 43, 32, 101, 26$$

平均値は 37.0 分，標準偏差 23.51 分，第 1 四分位数 22.5 分，第 2 四分位数 31.5 分，第 3 四分位数 46.0 分，最小値 7 分，最大値 101 分である。箱ひげ図を利用してはずれ値の検出を行い，その結果を述べよ。

（答）

このデータの IQR は $46.0 - 22.5 = 23.5$ 分であり，第 3 四分位数 $+ 1.5 \times$ IQR は $46.0 + 1.5 \times 23.5 = 81.25$ になるため，箱ひげ図を用いると 87 分と 101 分の生徒の登校時間ははずれ値と考えられる。

■■■ 練習問題　　　　　　　　　　　　　　　（解答は 201 ページです）

問 8.1　ある試験の平均値は 54.2 点，標準偏差は 12.3 点だった。このとき，標準化された点数が 0 の学生の，もとの点数はいくらか。次の ①〜④ のうちから一つ選べ。

① 54.2　　② 12.3　　③ 12.3 ÷ 54.2
④ この情報だけでは求められない。

問 8.2　あるクラスの試験において，以下の 3 人を点数で小さい順に並べるとどうなるか。下の ①〜④ のうちから最も適切なものを一つ選べ。

　　　A さん：クラスの平均値と標準偏差で点数を標準化して求めたところ値が 1 となった。
　　　B さん：点数がちょうどクラスの点数の第 1 四分位数と一致した。
　　　C さん：点数がちょうどクラスの点数の平均値と一致した。

なお今回の試験におけるクラスの点数の分布は平均値を中心に左右対称なひと山型の分布で，平均値と中央値はほぼ一致した。

① A → B → C の順
② B → A → C の順
③ B → C → A の順
④ この情報だけでは求められない。

問 8.3　A さんは今度の期末試験で，国語では 56 点，数学では 45 点であった．なお，国語の平均点は 52.2 点，数学の平均点は 40.4 点，標準偏差はともに 12.1 点だった．このとき A さんの国語と数学の偏差値はどちらが大きいか．次の ① 〜 ④ のうちから最も適切なものを一つ選べ．

① 国語の偏差値の方が高い．

② 数学の偏差値の方が高い．

③ 国語と数学の偏差値は一致する．

④ この情報だけでは求められない．

問 8.4　生徒 30 人のクラスのある日の登校時間（分）を調べたところ，次のデータを得た。

$$
\begin{array}{cccccccccc}
29 & 32 & 35 & 44 & 45 & 46 & 46 & 48 & 50 & 52 \\
52 & 53 & 53 & 54 & 55 & 55 & 56 & 57 & 58 & 58 \\
59 & 59 & 61 & 65 & 68 & 75 & 76 & 78 & 90 & 98
\end{array}
$$

このデータでは最小値 29 分，第 1 四分位数 48 分，第 2 四分位数 55 分，平均値 56.9 分，第 3 四分位数 61 分，最大値 98 分となっている。第 1 四分位数 − 1.5 × 四分位範囲より小さい，または第 3 四分位数 + 1.5 × 四分位範囲より大きい観測値をはずれ値としたとき，このデータの適切な箱ひげ図はどれか（グラフははずれ値を取り除いた場合の基本箱ひげ図である）。次の図の ① 〜 ④ のうちから最も適切なものを一つ選べ。

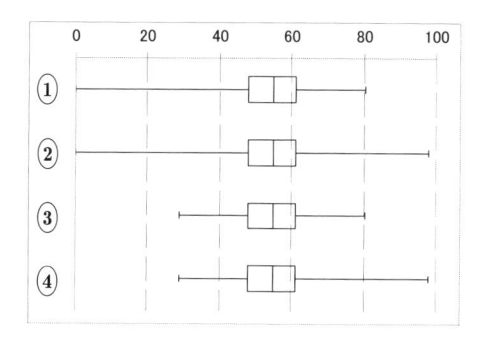

問 **8.5** あるクラブで目を閉じて片足立ちして何秒立ち続けられるかの実験を行った。10人の測定結果（秒）は次の表の通りである。

立ち時間（秒）
27
29
87
90
103
112
119
125
130
138

平均値	96.0
中央値	107.5

なお結果は小さい順に並べている。このとき下の①〜⑤のうちから最も適切なものを一つ選べ。

I: 平均値がデータの中心と考え，「このクラブの片足立ちの測定の結果，データの中心は96.0秒程度と考えられる」とすることが妥当である。

II: 中央値がデータの中心と考え，「このクラブの片足立ちの測定の結果，データの中心は107.5秒程度と考えられる」とすることが妥当である。

III: 27秒と29秒は他の観測値と比べ大きく異なることから，値の理由を確認することが望ましい。

① Iのみ正しい　② IIのみ正しい　③ IIIのみ正しい
④ IとIIIは正しい　⑤ IIとIIIは正しい

9. 相関と散布図

この章での目標

- 2つの変数の関係を表や図を用いて表すことができる
- 2つの変数の相関関係を言葉で表現することができる

■■■ Key Words

- 相関関係
- 正の相関
- 負の相関
- 無相関（相関がない）
- 散布図

§9.1 2つの変数の関係

ここまで身長，体重，売上げやテレビ視聴時間など，1つの変数について議論してきた。たとえば，ある試験の点数を観測した場合に，平均値や標準偏差などを求め，比較などをしてきた。以下では2つの変数を同時に考慮し，たとえば，試験の点数と学習時間の関係を調べることを考えよう。

質的変数

性別や所属クラスのような質的データ同士の関係を考える場合には，クロス集計表を用いる。クロス集計表は表9.1のように2つの項目を同時に度数分布として集計した表である。表からは女子学生は男子学生に比べて自宅通学の比率が高いという特徴が読み取れる。3変数以上の表を多重クロス集計表と呼ぶ。

クロス集計表を用いることにより1変数だけでは見えなかった点を検出することがある。表9.2ではA地区とB地区とは異なる点がある。

表9.1 大学生の住所

	下宿	自宅
男	110	214
女	30	290

表9.2 3種類の商品を扱う小売店の数

	商品イ	商品ロ	商品ハ	合計
A地区	25		2	27
B地区	5	28		33
C地区		11	12	23
D地区			17	17
合計	30	39	31	100

量的変数

2変数の場合は，図9.1のようにx軸とy軸に2つの変数の数値を対応させて図を描くことができる。これを散布図と呼び，量的変数の分析では必須の手法である。

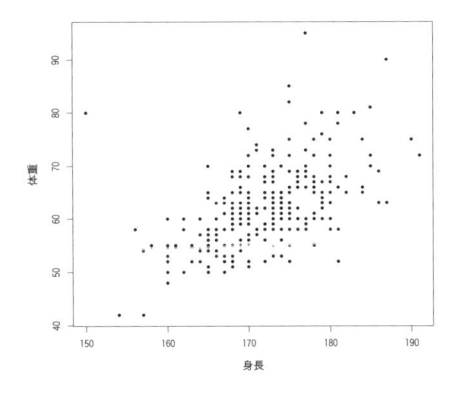

図 9.1　男子大学生の身長と体重

散布図において，1つの変数の値が増えたときに，他方の変数の値も増える傾向にあるとき，2変数間には**正の相関関係**があるという．逆に1つの変数の値が増えたときに，他方の変数の値が減る傾向にあるときは**負の相関関係**があるという．またそれらの関係がみられなかったときは相関関係がない，もしくは無相関という．

通常の相関関係では直線的な関係の強さに着目する．直線に近いとき**強い相関関係**，そうでないとき，**弱い相関関係**という．

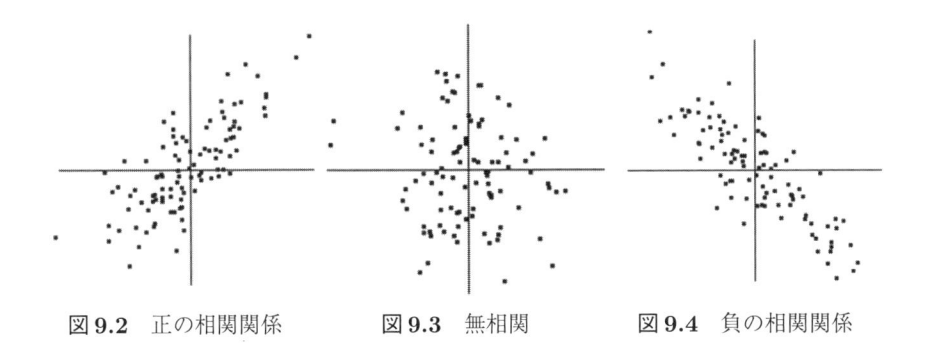

図 9.2　正の相関関係　　図 9.3　無相関　　図 9.4　負の相関関係

> **例題 9.1** 次の 2 つの変数間にどんな相関関係があるか予想しなさい．
> A：ワンルームの賃貸物件において，駅から物件までの徒歩時間（分）と家賃（月額：千円）
> B：8 月の外気温（度）とある小売店の冷たい炭酸飲料水の売上個数（個）

（答）

Aについては，一般に他の条件が同じであれば，駅から物件までの徒歩時間がかかると月額の家賃は下がる傾向がある．そのためこの 2 つの変数間には負の相関関係が予想される．Bについては，一般に外気温が上がると冷たい炭酸飲料水の売上は上がる傾向が見られる．そのため，この 2 つの変数間には正の相関関係が予想される．

1 変数の場合には度数分布表を作成したが，それと同様に 2 変数の場合にも 2 次元の度数分布表を作成することができる．表 9.3 は，図 9.1 の散布図と同じデータから作成した 2 次元度数分布（相関表）である．x, y と 2 つの変数があるが，それぞれについて度数分布を作成する手順で階級を定める．この例ではデータの大きさが $n = 324$ と比較的小さいため，散布図だけで明瞭に関係が確認できるが，n が数万以上になるような大きなデータの場合は，度数分布表のような集計が役に立つ．

なお，表 9.3 の周辺に記された「計」の数値は，身長 x と体重 y のそれぞれについて作成した度数分布と一致する．このことから表を 2 次元の**同時分布**と呼び，この表を列方向あるいは行方向に合計して得られる 1 変数の度数分布を**周辺分布**と呼ぶ．

2 変数の同時分布から，x と y の（1 変数）度数分布を導けるが，逆に

表 9.3 男子学生の身長と体重

	150-155	155-160	160-165	165-170	170-175	175-180	180-185	185-190	190-195	計
40-45	1	1								2
45-50		1								1
50-55			4	12	17	5		1		39
55-60			3	9	23	15	6	1		57
60-65			1	5	38	38	18		2	102
65-70				2	13	23	26	5	1	70
70-75				1	5	10	10	2		1	29
75-80					1	5	4	3	1	14
80-85					1	1	1	3		7
85-90						1				1
90-95								1		1
計	1	10	29	98	98	66	15	5	1	324

x と y の周辺分布が与えられても，2 変数の同時分布を求めることができない．このことからも散布図のもつ情報はそれぞれの変数を別々に分析しても得られないことがわかる．

図 9.5 は男子大学生の身長と体重のヒストグラムおよび箱ひげ図である．ヒストグラムおよび箱ひげ図を見ると，身長はほぼ対称な分布であることがわかるが，体重のほうは，わずかながら右の裾が長い．このような分布の歪み（ゆがみ）を測定する方法もいくつか提案されているが，最も簡単な方法は要約表示を利用することである．

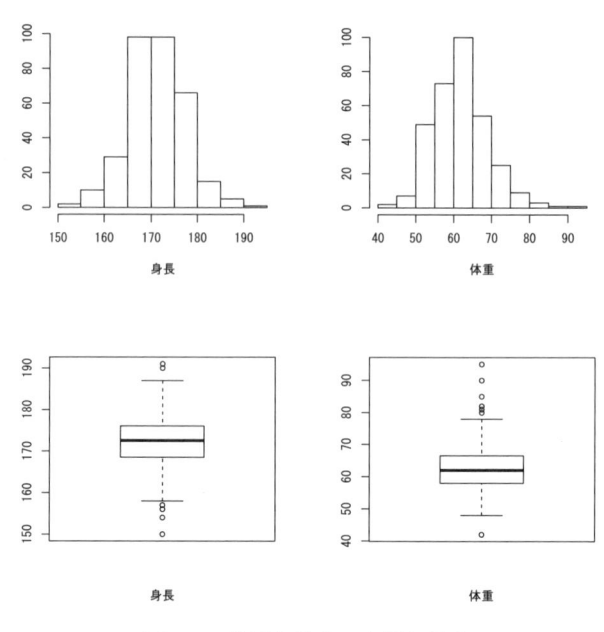

図 9.5　男子大学生の身長と体重

§9.2　層別散布図

散布図で相関関係をみることができるが，グループの情報が得られるときにはグループごとの散布図を描くことがある．

図 9.6 及び図 9.7 は学校保健統計調査平成 22 年度全国表より，むし歯を持つ生徒の割合について，年齢別 (9 歳から 17 歳) 男女別に，むし歯の処置を完了している生徒の割合を横軸，未処置のむし歯を持つ生徒の割合を縦軸にとって，散布図を示したものである．

むし歯のなりやすさは生活習慣の影響もあり，むし歯を多く持つ児童・生徒は処置した本数も未処理の本数も多いと推測されるが，図 9.6 で男女

区別なくデータを見ると強い相関関係はみられなかった。

しかし男女別々に考えると，女子には強い相関関係がみられなかったが，男子には強い相関関係があることがわかる。

このようにグループごとに描き分けることでデータ全体でみられなかった特徴を把握することができる場合がある。図 9.6 のように 1 つの散布図で複数のグループを描き分けた散布図を**層別散布図**と呼ぶ。図 9.7 は図 9.6 の男女別の散布図である。

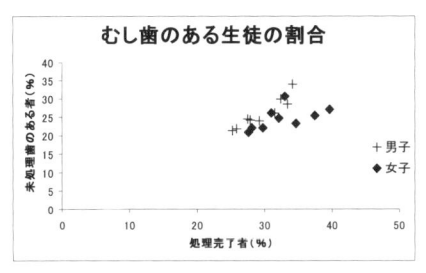

図 9.6　むし歯のある生徒の割合

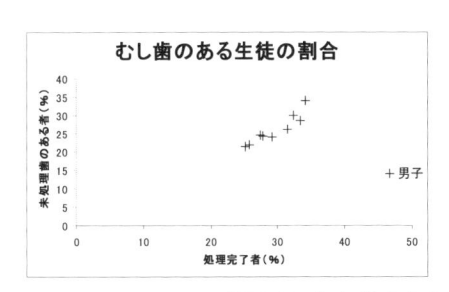

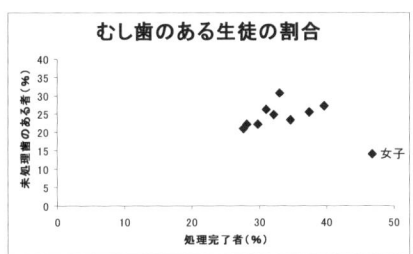

図 9.7　むし歯のある生徒の割合（男女別）

例題 9.2 下のデータを関東(水戸市,宇都宮市,前橋市,さいたま市,千葉市,東京都区部,横浜市)と関西(津市,大津市,京都市,大阪市,神戸市,奈良市,和歌山市)のマークを別にして1つの散布図に描きなさい。

地域	貯蓄(万円)	有価証券(万円)
水戸市	1,355	240
宇都宮市	1,614	259
前橋市	1,693	230
さいたま市	2,293	366
千葉市	1,832	368
東京都区部	2,118	499
横浜市	2,342	683
津市	1,766	349
大津市	1,802	331
京都市	1,764	388
大阪市	1,863	342
神戸市	2,158	511
奈良市	2,389	554
和歌山市	1,801	325

(答)

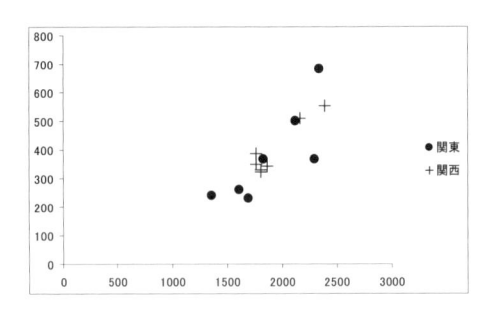

関東のデータを「●」,関西のデータを「+」で表すと上の散布図が得られる。散布図から今回のデータでは,関東,関西,すべてのデータ,それぞれで正の相関がみられる。

■■■ **練習問題**　　　　　　　　　　　　　　　（解答は **202** ページです）

問 9.1　次の帯グラフはクラスの学生にある日の朝食をたずねた結果である。

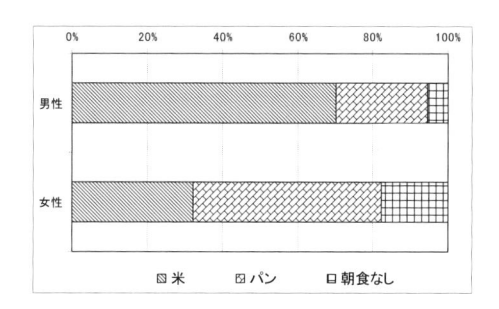

このとき，女性でパンと答えた人の割合は女性全体の何％か。次の①〜④のうちから最も適切なものを一つ選べ。

① 30％　② 40％　③ 50％　④ 60％

問 9.2　あるクラスでうどんとそばのどちらが好きかの調査を行った。その結果のクロス集計表が次の表である。

	うどん	そば	合計
男性	34	43	77
女性	23	17	40
合計	57	60	117

このとき，男性でうどんを選んだ人の回答者全員における割合，およびそばを選んだ人の男性全体における割合はどのように求められるか。次の①〜④のうちから最も適切なものを一つ選べ。

① 男性でうどんを選んだ人の回答者全体における割合 $= \dfrac{34}{234}$

　男性でそばを選んだ人の男性全体における割合 $= \dfrac{43}{60}$

② 男性でうどんを選んだ人の回答者全体における割合 $= \dfrac{34}{234}$

　男性でそばを選んだ人の男性全体における割合 $= \dfrac{43}{77}$

③ 男性でうどんを選んだ人の回答者全体における割合 $= \dfrac{34}{117}$

　男性でそばを選んだ人の男性全体における割合 $= \dfrac{43}{60}$

④ 男性でうどんを選んだ人の回答者全体における割合 $= \dfrac{34}{117}$

　男性でそばを選んだ人の男性全体における割合 $= \dfrac{43}{77}$

問 9.3　次の変数の組で正の相関関係があると考えられる組合せはどれか。次の ①〜④ のうちから最も適切なものを一つ選べ。

　I: A さんのジョギングをした時間と消費カロリーの 100 日間のデータ
　II: ある高校の生徒 300 人におけるある休日のテレビの視聴時間とそのテレビによる消費電力のデータ

① I のみある　② II のみある　③ 両方ともある
④ 両方ともない

問 9.4　あるクラスで中間試験と期末試験を実施したとき，すべての人が中間試験の点数に 20 点加えた点数を期末試験でとった場合，このクラスの中間試験と期末試験の相関関係はどうなるか？　次の ① ～ ④ のうちから最も適切なものを一つ選べ。なお中間試験と期末試験では同じ人が受け，当日の欠席はなかったとする。

① 正の相関関係をもつ
② 相関関係はない（無相関）
③ 負の相関関係をもつ
④ この情報だけでは相関関係はわからない

問 9.5　正の強い相関関係がある変数の組を散布図に表し，2 つの軸をそれぞれ平均値で分け，4 つの領域にしたとき，次の ① ～ ④ のうちから最も適切なものを一つ選べ。

① 右上と左下に観測値が左上と右下よりも集まっていた。
② 左上と右下に観測値が右上と左下よりも集まっていた。
③ 4 つの領域にまんべんなく観測値が分布していた。
④ 上の領域のみ観測値が集まっていた。

10. 相関係数

この章での目標

- 2つの変数の同時の散らばりを数値で表現できる
- 散布図と相関関係の関係を理解する
- 適切に相関係数を用いることができる

Key Words

- 共分散
- 相関係数
- 相関係数の注意点

§10.1 相関関係を数値で表す

散布図を用いると2変数間の相関関係を視覚的に見ることができた。しかし，散布図では軸や縦横比の描き方によっては情報を読み間違える可能性もある。そこで2変数の関係を数値として表す指標を考える。たとえば，2変数の関係の強さを測る指標として**共分散**が定義される。x, yの観測値の組からなるデータを$(x_1, y_1), \cdots, (x_n, y_n)$とすると，2変数の**共分散** s_{xy} は以下の式で求められる。

$$s_{xy} = \frac{1}{n} \sum_{i=1}^{n} (x_i - \bar{x})(y_i - \bar{y})$$

共分散は図10.1のように2変数のそれぞれの平均値と観測値の偏差を求め，それらでつくる長方形の面積の総和を観測値の個数nで割ったものである。ただし，偏差の定義から右上と左下は正の面積，左上と右下は負の面積として求める。

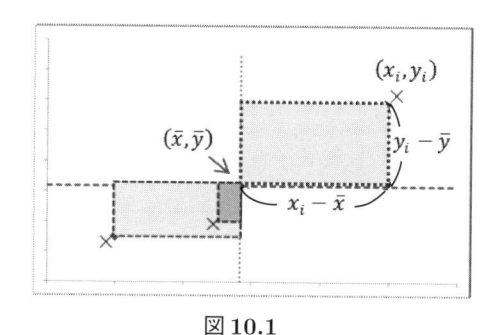

図 10.1

これにより平均値に対して右上と左下に偏って観測値が分布している場合，共分散の値は大きな正の値となり，逆に左上と右下に偏って観測値が分布している場合，共分散の値は大きな負の値になる。平均値を中心に

左右上下にまんべんなく散らばっている場合，共分散の値は0の値に近づく。このことから，共分散は正の相関のときには正の値，負の相関のときは負の値を取ることがわかる。

共分散により2つの変数の同時の関係の強さを測れるが，共分散の値は変数の単位に依存して変化する。この点を修正して相関関係を測る尺度として相関係数が定義される。xの標準偏差をs_x，yの標準偏差をs_y，2変数の共分散をs_{xy}とするとき，相関係数rは以下の式で求められる。

$$r = \frac{\frac{1}{n}\sum_{i=1}^{n}(x_i - \bar{x})(y_i - \bar{y})}{\sqrt{\frac{1}{n}\sum_{i=1}^{n}(x_i - \bar{x})^2}\sqrt{\frac{1}{n}\sum_{i=1}^{n}(y_i - \bar{y})^2}} = \frac{s_{xy}}{s_x s_y}$$

なお，相関係数は

$$r = \frac{1}{n}\sum_{i=1}^{n}\left(\frac{x_i - \bar{x}}{\sqrt{\frac{1}{n}\sum_{i=1}^{n}(x_i - \bar{x})^2}}\right)\left(\frac{y_i - \bar{y}}{\sqrt{\frac{1}{n}\sum_{i=1}^{n}(y_i - \bar{y})^2}}\right)$$

と式を変形することができる。相関係数は標準化された値同士の共分散とも考えられる。xとyを標準化して$u_i = \frac{x_i - \bar{x}}{s_x}$，$v_i = \frac{y_i - \bar{y}}{s_y}$とおくと，$u$と$v$の共分散は

$$s_{uv} = \frac{1}{n}\sum_{i=1}^{n}\left(\frac{x_i - \bar{x}}{s_x}\right)\left(\frac{y_i - \bar{y}}{s_y}\right) = \frac{s_{xy}}{s_x s_y}$$

となる。このようにrはxとyを標準化したu, vの共分散であることからxやyを何倍かしたり，定数を加えて単位を変換しても，相関係数は変化しないことがわかる。

相関係数は-1から1の値を取り，直線に近い関係になるほど絶対値が1に近づく。

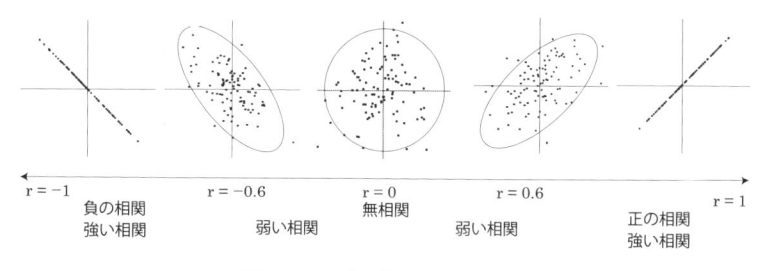

図 10.2　強い相関，弱い相関

> **例題 10.1**　貯蓄（万円）と所有有価証券（万円）について，関東7都市の平均が次のように得られた。
>
> | 関東 | 貯蓄(万円) | 有価証券(万円) | 貯蓄偏差 | 証券偏差 | 貯蓄平方偏差 | 証券平方偏差 | 貯蓄偏差×証券偏差 |
> |---|---|---|---|---|---|---|---|
> | 水戸市 | 1355 | 240 | −537.4 | −137.9 | 288829.47 | 19004.59 | 74088.37 |
> | 宇都宮市 | 1614 | 259 | −278.4 | −118.9 | 77522.47 | 14127.02 | 33093.22 |
> | 前橋市 | 1693 | 230 | −199.4 | −147.9 | 39771.76 | 21861.73 | 29486.94 |
> | さいたま市 | 2293 | 366 | 400.6 | −11.9 | 160457.47 | 140.59 | −4749.63 |
> | 千葉市 | 1832 | 368 | −60.4 | −9.9 | 3651.61 | 97.16 | 595.65 |
> | 東京都区部 | 2118 | 499 | 225.6 | 121.1 | 50882.47 | 14675.59 | 27326.37 |
> | 横浜市 | 2342 | 683 | 449.6 | 305.1 | 202114.47 | 93112.16 | 137183.51 |
> | 合計 | 13247 | 2645 | 0 | 0 | 823229.71 | 163018.86 | 297024.43 |
> | 平均値 | 1892.4 | 377.9 | 0.0 | 0.0 | 117604.2 | 23288.4 | 42432.1 |
> | | | | | 上の値の平方根 | 342.935 | 152.605 | |
>
> （出典：総務省「家計調査」）
>
> この表から貯蓄と有価証券の相関係数を求めなさい。

(答)

このデータの散布図は下のようになり，正の相関関係がみられる。

相関係数は $r = 42432.1 \div (342.935 \times 152.605) = 0.811$ となる。

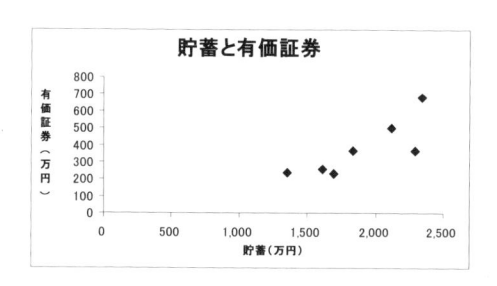

§ 10.2 相関係数の注意点

相関係数だけをみて相関の有無を考えることは適切とはいえない。このことは相関係数が与えられても分布は定まらないことからもわかる。

また相関係数は直線状の関係を測る尺度であり，2変数間の関係が直線状でなければその強さを適切に測ることはできない。たとえば，図10.3のように左右対称の2次曲線状の関係がみられる場合の相関係数は0に近い値になる。

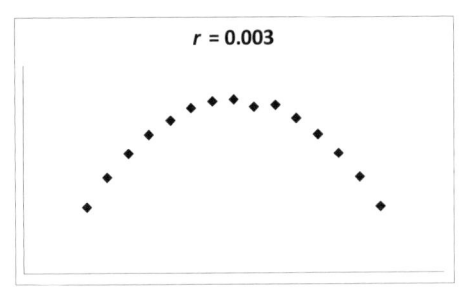

図 10.3 2次曲線状の関係

相関係数は，はずれ値の影響を強く受ける。たとえば図10.4の相関係数を求めると0.921となり正の強い相関といえるが，他の観測値と比べて異なる上の3つの観測値を除いて求めると -0.026 となり，ほとんど相関関係がないことになる。このように相関関係を考える際には必ず散布図を見ることが大切である。

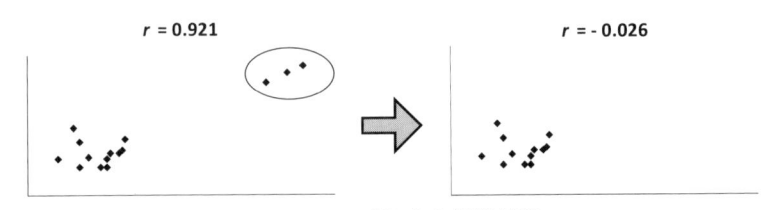

図 10.4 はずれ値と相関係数

§10.2 相関係数の注意点

例題 10.2 次のデータについて相関係数を求めなさい。

x	1	2	3	4	5	1	2	3	4	5
y	1	3	3	5	6	6	5	4	3	1
グループ	A	A	A	A	A	B	B	B	B	B

(答)

グループの違いがわかるようにデータを層別散布図に描くと次のような図になる。

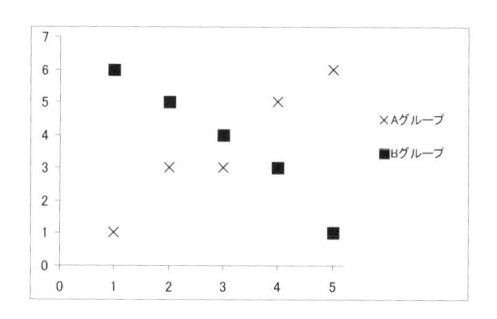

この結果，グループごとには相関関係があるが，全観測値の相関係数では 0 に近いと予想される。実際，全観測値における相関係数は 0 である。各グループの相関係数は，A グループは 0.973，B グループは -0.986 となる。このようにグループの情報も与えられているときは層別散布図を描き，グループごとの相関関係を検討することが望ましい。

■■■ 練習問題 　　　　　　　　　　　　　　　　（解答は 203 ページです）

問 10.1 あるクラスの数学と理科の点数を散布図に表して，下のようなグラフを得たが，後で左上の観測値（数学，理科）＝ (29, 91) は (29, 19) の間違いとわかった。

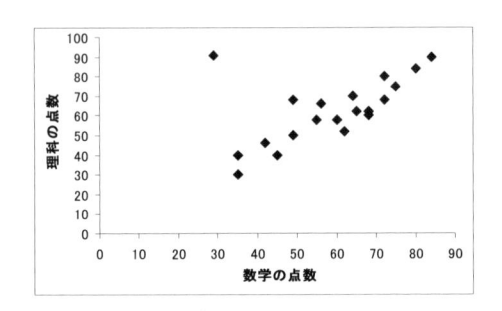

このとき，訂正前と訂正後では相関係数の大きさはどのように変化するか。次の ① 〜 ④ のうちから最も適切なものを一つ選べ。

① 相関係数の値は 1 に近づく。

② 相関係数の値は −1 に近づく。

③ 相関係数の値は 0 に近づく。

④ この情報だけでは求められない。

問 10.2 2 つの変数 A, B についての観測値 $(a_1, b_1), \cdots, (a_n, b_n)$ が求められたとき，以下の 3 つの散布図を次の手順で作成した。
　(1) は横軸に a，縦軸に b を取った図
　(2) は縦軸に a，横軸に b を取った図
　(3) は横軸に $100 \times a$，縦軸に $100 \times b$ を取った図

(1)

(2)

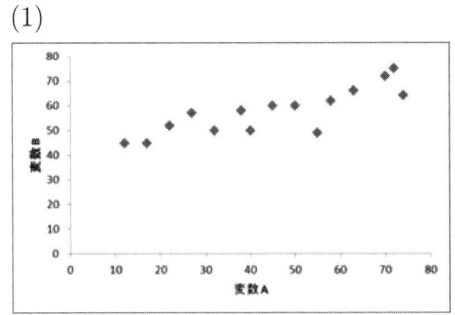

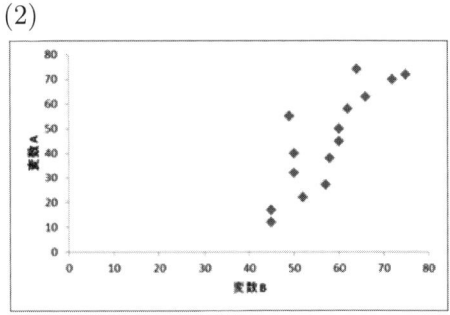

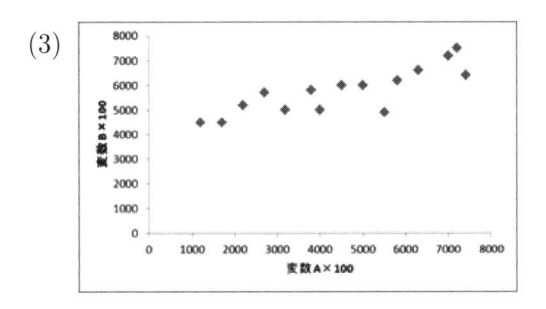

(3)

このとき上の散布図の中で相関係数が最も大きいものはどれか。次の①〜④のうちから最も適切なものを一つ選べ。

① (1) の散布図　② (2) の散布図
③ (3) の散布図　④ (1)，(2)，(3)の相関係数は同じになる

問 10.3　2つの変数 x, y の相関係数が 0.67 であった。このとき，x のすべての値に 0.02 ずつ加え，続いて y のすべての値を 0.3 倍にした。

この操作により相関係数の値はどう変化したか。次の①〜④のうちから最も適切なものを一つ選べ。

① この操作では相関係数は常に 0.67 である。

② 相関係数の値は 0.67 から 0.67 + 0.02=0.69 となり，次の操作では変わらず 0.69 のまま。

③ 相関係数の値は 0.67 から 0.67 + 0.02=0.69 となり，次の操作で 0.69 × 0.3=0.207 となる。

④ この情報だけでは求められない。

問 10.4　相関係数に関する次の 2 つの記述で正しい組合せはどれか。下の ① ～ ④ のうちから最も適切なものを一つ選べ。

　I: 相関係数は測定した際の単位の影響を受け，たとえば身長の場合，cm と m で測ったときで相関係数の値は変わる。
　II: 相関係数は 2 つの変数のどちらを散布図の横軸にするか縦軸にするかで値が変わる。

① I のみ正しい

② II のみ正しい

③ 両方とも正しい

④ 両方とも正しくない

問 10.5　ある調査によると魚 A の摂取量と血中のある成分の量の散布図は右上がりの直線状に分布し，相関係数が 0.94 だった。このことから次の結論を考えた。次の ① ～ ④ のうちから適切でないものを一つ選べ。

① 魚 A の摂取量と血中のある成分の量には正の強い相関関係がみられた。

② 血中のある成分の量と魚 A の摂取量には相関関係がないとはいい難い。

③ 魚 A の摂取量を増やすことが血中のある成分の量を増やす原因といえる。

④ 魚 A の摂取量を横軸に，血中のある成分の量を縦軸に散布図に描くとほぼ右上がりの直線状に観測値が分布していると予想される。

11. 確率の基本的な性質

この章での目標

- 確率の意味を理解する
- 同様の確からしさを用いて，簡単な場合の確率を求めることができる
- 樹形図や表を利用して，起こりうる結果を整理することができる
- 確率の性質を利用して確率を求めることができる

■■■ Key Words

- 確率
- 同様の確からしさ
- 樹形図

§11.1 確率の意味

私たちの生活の中では，まだ実際には起こっていない事柄や情報が不足しているために不確かな事柄についても判断をしていく必要がある。たとえば，朝出かける前に傘を持っていくのかどうかを判断するには，その日雨が降るかどうかを考えるであろう。このような事柄を**事象**と呼び，不確かな事象について，その起こりやすさの程度を表す数値を，その事象の**確率**という。

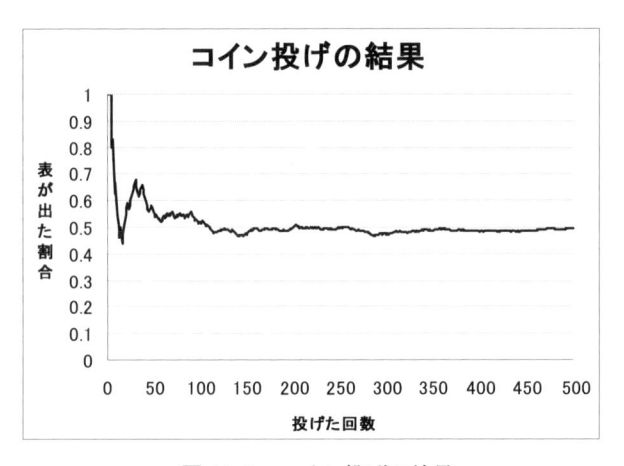

図 11.1　コイン投げの結果

図 11.1 は，コインを 500 回投げた結果に関して，横軸を投げた回数，縦軸をそれまでに表が出た割合として折れ線グラフで表したものである。コイン投げの場合には，回数が少ないときには表が出た割合はかなり変化するが，投げる回数を増やしていくと，表が出た割合はある値に近づいていく傾向がある。このように，繰り返し実験可能な場合については，ある程度大きな回数の実験を行った結果に基づいて事象の起こりやすさを判断す

ることができる。

　図 11.2 は，平成 19 年 10 月から平成 20 年 9 月までに生まれた子どもの数と男児の割合を都道府県別に表した散布図である。全国では，1,094,234 人が生まれ，男児の割合は 51.3% であった。このグラフからもわかるように，最も出生数の多い東京都の男児の割合は 51.3% で全国の割合とほぼ一致しており，最も男児の割合の低い石川県でも 49.8% で全国とのずれは 1.5% である。

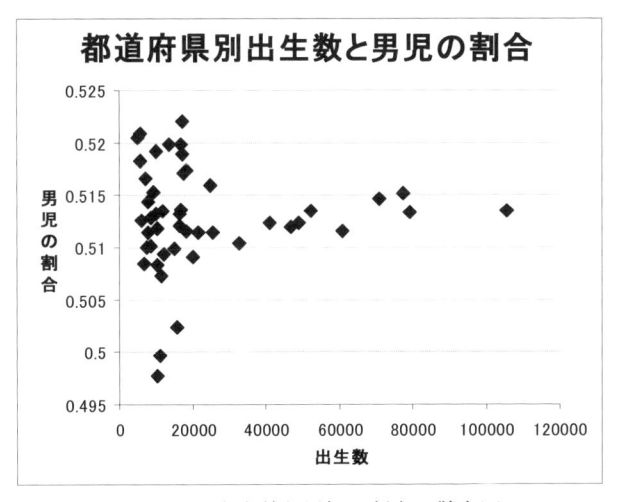

図 11.2　出生数と男児の割合の散布図

やってみよう

コインを 2 枚投げたときに，表と裏の組合せになる割合はどれくらいになるか，実験して調べてみよう。その結果から確率についてどのようなことがいえるだろうか。

§11.2 同様に確からしい場合の確率の求め方

前節では，コインの表が出る割合を実験で求めたが，コインのように表と裏がほぼ同じ可能性で出ると仮定できる場合には，そのことを利用して確率を定めることができる。起こりうるいくつかの事象について，それらが起こる可能性が等しいとき，**同様に確からしい**という[1]。くじ引きのように，何枚かのカードの入った箱から1枚のカードを抜く際に，どのカードが抜かれるのも同様に確からしいとき，**無作為**に抜くという。

同様に確からしいと仮定できる起こりうる場合の数が n 通りあり，ある事象 A に含まれる場合の数が k 通りあるとき，A の起こる確率を

$$P(A) = \frac{k}{n}$$

と定義する。

> **例題 11.1** 1から6の目が同じ確率で出るサイコロを考える。このサイコロを1回投げて偶数の目が出る確率を求めなさい。

(答)

サイコロを投げたときに起こりうる結果は，1から6で6通りある。このうち，偶数の目の場合は2，4，6の目が出る場合で3通りである。このことから，偶数の目が出る確率は，3/6=1/2 となる。

---

[1] 「同様に確からしい」とは，「確率が等しい」ことの言い換えにすぎないため，この定義が役に立つのは確からしさに関する判断が適切な場合だけである。たとえば歪んだコインでは表と裏の起こりやすさは同等とはいえない。

例題 11.2 袋の中に赤いカードが 20 枚，青いカードが 30 枚入っている。この袋の中から 1 枚のカードを無作為に選ぶとき，赤いカードである確率を求めなさい。

(答)

袋の中には 50 枚のカードが入っており，その中から 1 枚選ぶ場合は 50 通りある。このうち赤いカードは 20 枚あるので，赤いカードを選ぶ確率は $20/50=2/5$ である。

例題 11.2 のように，多くのカードやくじの中から 1 つを無作為に選ぶ場合には，ある事象の確率は，カードやくじの中で対象となるカードやくじの相対的な割合と一致する。

例題 11.3 1 から 4 までの数が書かれたカードがそれぞれ 1 枚ずつある。このカードの中から 2 枚のカードを無作為に選ぶとき，1 の書かれたカードが含まれる確率を求めなさい。

(答)

選ばれる 2 枚のカードの組合せは $(1,2),(1,3),(1,4),(2,3),(2,4),(3,4)$ の 6 通りあり，このうち，1 のカードを含む場合は 3 通りだから，1 の書かれたカードを選ぶ確率は，$3/6=1/2$ となる。

また，1 枚ずつ順番に選ぶと考え，右の樹形図を用いても $6/12=1/2$ を得る。

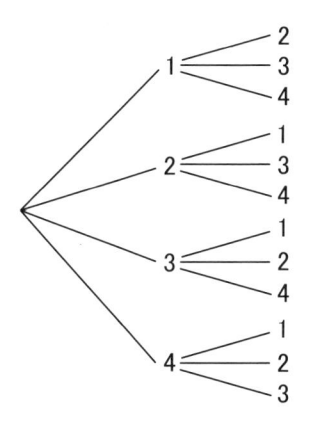

例題 11.4 1から6の目が同じ確率で出る大小2つのサイコロがある。これらの2つのサイコロを投げて目の和が6以下になる確率を求めなさい。

(答)

大きいサイコロと小さいサイコロの目の和を次のような表にまとめる。2つのサイコロの目の出方の組合せは全部で 36 通りあり，このうち目の和が6以下となる場合は，15 通りである。よって，目の和が6以下になる確率は，15/36 = 5/12 である。

大＼小	1	2	3	4	5	6
1	2	3	4	5	6	7
2	3	4	5	6	7	8
3	4	5	6	7	8	9
4	5	6	7	8	9	10
5	6	7	8	9	10	11
6	7	8	9	10	11	12

現象が複雑になってくると，同様に確からしい事象の数が多くなり，場合の数を求めることが難しくなることがある。そのときには，例題 11.3 や例題 11.4 のように表を用いたりして，うまく整理をするとよい。

例題 11.5 例題 11.4 において，2つのサイコロを投げて目の和が7以上になる確率を求めなさい。

(答)

例題 11.4 の表を用いると,目の和が 7 以上となる組合せは,21 通りあるので,目の和が 7 以上となる確率は,21/36=7/12 となる。

例題 11.5 の結果からもわかるように,目の和が 7 以上となる場合は,全体の目の出方の組合せの中から,目の和が 6 以下の場合を除いたものとなっている。すなわち,目の和が 6 以下となる事象を A とすると,目の和が 7 以上となる場合は,事象 A が起こらない場合と考えることができる。A が起こる確率を $P(A)=p$ とすると,A が起こらない確率は $1-p$ となる。この性質を利用すると,例題 11.5 の確率は $1-5/12=7/12$ と計算することもできる。

ティータイム ● 確率の利用

ある仕事を担当する人を決めたり,代表者を決めたりする際に,ジャンケンやくじ引きを行うことがある。どの人も公平に同様の確からしさで選ばれるように,このような方法がとられているのである。また,参加者を 2 つに分けてゲームを行う場合には,できるだけ同じうまさの人同士でジャンケンをして組分けを決めることもある。

実は,医学における臨床試験においても同じように確率を利用することがある。たとえば,ある治療法が従来の治療法よりも優れていることを示すためには,できるだけ同じ条件の患者さんのグループを 2 つ作り,この 2 つのグループに別の治療を行って,治療法の優劣を決める必要が生じる。しかし,全く同じ条件の患者さんのグループを作ることは容易ではないため,それぞれの人がどちらの治療を受けるのかを確率的に割り振る方法がとられる。この方法は,**無作為割り付け**と呼ばれている。

§11.3 事象と確率

確率を考える事象を A, B, C などの文字で表すことが多い。白と赤の2つのサイコロを投げる例では、白と赤の結果をその順番に $(1,1)$ などと記すと、可能な結果は $(1,1), (1,2), \cdots, (1,6), \cdots, (6,1), \cdots, (6,6)$ と全部で 36 通りの可能性がある。これらの事象はこれ以上分解できないため、基本事象（または根元事象）と呼ぶことがある。ゆがみのないサイコロやコインを投げるときは、それぞれの基本事象の確率は等しいと想定する。これが古典的な確率の考え方であるが、ゆがみのあるコインやサイコロを投げるときには、別な考え方が必要である。それについては『統計検定2級対応 統計学基礎』など、進んだ教材を参照されたい。

いくつかの事象を組み合わせた事象も、考察の対象となることが多い。白のサイコロの目が偶数で、赤のサイコロの目が4以下などがその例である。

そのため、図 11.3 のように事象を表すとわかりやすい。この図は考案者の名からベン (Venn) 図と呼ばれることがある。

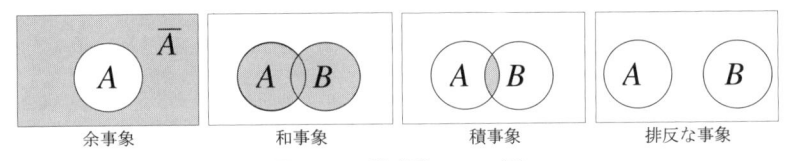

余事象 　　和事象 　　積事象 　　排反な事象

図 11.3 諸事象のベン図

事象 A と B のいずれかが起こることを事象の「和」と呼んで $A \cup B$ と表す。これを「和事象」という。また事象 A と B の両方が起こることは事象の「積」と呼び、$A \cap B$ または単に AB と表す。これを「積事象」という。また、A が起きないという事象を「余事象」と呼び、$\overline{A}$ と表す。

事象をある種の集合と考えることができるから，似た記号が用いられている。特に，余事象を表すのに「補集合」の記号 A^c を用いることがある。

また，「A: 白いサイコロの目が6」と「B: 白いサイコロの目が4以下」のように，A と B の両方が同時には起こらない場合，「これらの事象は互いに排反である」という。記号では $A \cap B = \emptyset$ または $A \cap B = \phi$ と表す。$\emptyset$ または ϕ は起こりえない事象に対応するもので「空事象」と呼ぶ。集合では「空集合」と呼ばれるものであり，当然，その確率はゼロである。

事象 A の確率を $P(A)$, $\Pr(A)$, $Pr\{A\}$ などの記号で表す。これらの記号は，12章で確率を考えるときには必須となる。

■■■ 練習問題　　　　　　　　　　　　　　（解答は 203 ページです）

問 11.1　コインを投げて表が出る確率が 1/2 であるとき，この確率の意味として最も適切なものを，次の ①〜④ のうちから一つ選べ。

① 2 回コインを投げると，必ず表が 1 回出る。

② コインを投げて表が出ると，次は必ず裏が出る。

③ コインを多くの回数投げると，表が出る割合が約 1/2 となる。

④ コインを 5 回投げても表が出ないときには，次は表が出る確率が大きくなる。

問 11.2　袋の中に赤いカードが 20 枚，青いカードが 15 枚，黄色いカードが 15 枚入っている。よくかき混ぜて，この 50 枚のカードの中から 1 枚を選ぶとき青いカードを選ぶ確率を，次の ①〜④ のうちから一つ選べ。

① 0.15　　② 0.2　　③ 0.3　　④ 0.4

問 11.3　1 から 6 の目が同じ確率で出る大小 2 つのサイコロがある。この 2 つのサイコロを投げたとき，大きいサイコロの目と小さいサイコロの目が等しくなる確率を，次の ①〜④ のうちから一つ選べ。

① 1/36　　② 5/36　　③ 1/6　　④ 1/3

問 11.4　コインを 3 回投げて少なくとも 1 回表が出る確率を，次の ①〜④ のうちから一つ選べ。ただし，このコインは表と裏が同じ確率で出るものとする。

① 1/8　　② 3/8　　③ 5/8　　④ 7/8

問 11.5　A，B，C，D の 4 つのチームでサッカーの試合を行う。時間の関係で次の図の丸の部分に各チームを割り当て，線で結んだチームとだけ対戦することになった。

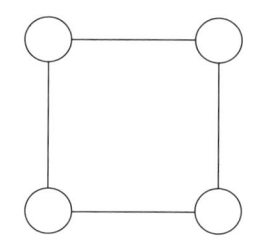

4 つのチームの割り当て方はくじ引きで決めることとするとき，A チームが B チームと対戦する確率を，次の ①〜④ のうちから一つ選べ。

① 1/4　　② 1/3　　③ 1/2　　④ 2/3

12. 反復試行と条件付き確率

この章での目標

- 事象の独立性について理解する
- 反復試行の確率を表すことができる
- 条件付き確率の意味と性質を理解する
- 条件付き確率を用いて，日常の現象を考える

Key Words

- 事象の独立性
- 試行

§12.1 事象の独立性

コイン投げやサイコロ投げのように，偶然に左右される現象において，さまざまな事象を考えることが多い。

> **例題 12.1** 1から6の目が同じ確率で出る大小2つのサイコロがある。この2つのサイコロを投げたとき，次の3つの事象の確率を考えてみよう。
> A：大きなサイコロの目が3である。
> B：小さなサイコロの目が2である。
> C：大きなサイコロの目が3で，小さなサイコロの目が2である。

(答)

大小のサイコロの目の組合せは36通りあり，これらがすべて同確率と考える。このとき，事象Aには小さなサイコロの目の出方が6通りあり，事象Bも大きなサイコロの目の出方が6通りあるので，どちらの確率も$6/36 = 1/6$である。一方，事象Cのような目の出方は1通りであるから，$P(C) = 1/36$となる。

例題12.1において，事象Aは大きなサイコロだけの結果に関係し，事象Bは小さなサイコロの目の出方だけに関係する事象である。そのため，サイコロを1個投げたときの確率と同じ形となっている。一方，事象Cは事象Aと事象Bの結果を組み合わせた場合であり，$C = A \cap B$と表すことができる。上の例では，
$$P(A \cap B) = P(A)P(B)$$
という関係が成り立っている。

上の式が成り立つとき，2つの事象 A と B は**独立**であるという。独立な場合には，確率の計算は容易になる。

例題 12.1 において，

D：大きなサイコロの目が 3 以下である。

E：2 つのサイコロの目の和が 6 である。

という 2 つの事象を考えると，$P(D) = 1/2$，$P(E) = 5/36$ で，$P(D \cap E) = 1/12$ であるから，この 2 つの事象 D，E は独立であるとはいえない。

§ 12.2　反復試行

コイン投げやサイコロ投げのように，同じ条件の下で繰り返すことができるような実験や観測を**試行**という。例題 12.1 では，大きなサイコロを投げる試行と小さなサイコロを投げる試行の 2 つを行っていることになる。例題 12.1 の計算の過程でもわかるが，大きなサイコロを投げた結果に関する事象と小さなサイコロを投げた結果に関する事象は独立であることが仮定されている。

2 つの試行 T_1，T_2 に対して，T_1 によって決まるすべての事象と，T_2 によって決まるすべての事象が独立であるとき，T_1 と T_2 は独立であるという。

§12.2 反復試行

例題 12.2 2枚のコインA, Bがある。コインをそれぞれ1回ずつ投げてどちらも表が出る確率を求めなさい。

（答）

Aのコインを投げるという試行とBのコインを投げるという試行が独立であると考えると，どちらも表が出る確率は，Aのコインが表である確率とBのコインが表である確率の積 $1/2 \times 1/2 = 1/4$ である。

統計的な実験や調査を行う際には，複数回の測定を行ったり，複数の人に調査に回答してもらったりすることも多い。この場合には，それぞれの実験や調査の結果は，独立な試行として取り扱われる場合が多い。

例題 12.3 ある夫婦に5人の子どもがいる。それぞれの子どもが男の子であるのか，女の子であるのかは，独立に確率1/2で起こると仮定する。このとき，5人とも男の子である確率を求めなさい。

（答）

独立な試行と考えると，それぞれの子どもが男の子である確率は1/2で5人の子どもがいるので，$(1/2)^5 = 1/32$ となる[1]。

ある独立な試行を繰り返し行うとき，それらの試行を**反復試行**という。たとえば，コイン投げを5回繰り返す場合を考えると，これらは反復試行となる。

---

[1] 実際には男女の子が生まれる比率は約105:100で男の子のほうが大きい。また生まれる子どもの性別は独立ではないこともよく知られている。

> **例題 12.4** コインを 5 回投げて 3 回表が出る確率を求めなさい。

(答)

表が 3 回出るためには，1 回目，2 回目，3 回目に表が出てもよいし，1 回目，3 回目，5 回目に表が出てもよい。表が出た回の組合せは，5 つの数字の中から 3 つの数字を選ぶ組合せであるから，10 通りある。この 10 通りの場合は，すべて表が 3 回，裏が 2 回出るので，その確率は $(1/2)^3 \times (1/2)^2 = 1/32$ であり，3 回表が出る確率は 10/32=5/16 となる。

一般に，n 個の異なる数字の中から k 個を選ぶ組合せの数を $_nC_k$ と表す。$_nC_k$ は

$$_nC_k = \frac{n \times (n-1) \times \cdots \times (n-k+1)}{k \times (k-1) \times \cdots \times 2 \times 1}$$

で計算できる。詳しくは 12.5 節 (p.134) の補足を参照のこと。

> **例題 12.5** サイコロを 5 回投げたときに，1 の目が 3 回出る確率を求めなさい。

(答)

基本的な考え方は，コイン投げの場合と同じである。1 の目が 3 回出ればよいので，5 回の中から 3 回を選ぶ組合せを求めると $_5C_3$=10 通りとなる。これらの場合は，1 の目が 3 回で，1 以外の目が 2 回出るので，その確率は

$$\left(\frac{1}{6}\right)^3 \times \left(\frac{5}{6}\right)^2 = \frac{5^2}{6^5}$$

と求められる。求める確率はこれを 10 倍して，$10 \times 25 / 7776 \fallingdotseq 0.032$ となる。

反復試行の確率

> 1回の試行で，ある事象 A が起こる確率を p とする。同じ試行を n 回独立に繰り返したときに，事象 A が k 回起こる確率は，
> $_nC_k p^k (1-p)^{n-k}$ となる。

日本の有権者全体で，ある法律に賛成する人の割合が 2/3 であると仮定する。有権者の中から 20 人を無作為に選んで調査を行ったとき，15 人が賛成する確率を求めてみよう。有権者は 1 億人以上いるため，サイコロ投げと同様に考えることにする。すなわち，各人の回答は独立で，賛成する確率は 2/3 であるとすると次のように計算される。

$$_{20}C_{15}\left(\frac{2}{3}\right)^{15} \times \left(\frac{1}{3}\right)^5 = \frac{20 \cdot 19 \cdot 18 \cdot 17 \cdot 16}{5 \cdot 4 \cdot 3 \cdot 2 \cdot 1} \times \frac{2^{15}}{3^{20}} \fallingdotseq 0.146$$

§12.3 条件付き確率

ここでは，ある条件が満たされているときの確率を考える。一般に，事象 A が与えられたときの事象 B の**条件付き確率** $P(B|A)$ は

$$P(B|A) = \frac{P(A \cap B)}{P(A)}$$

と定められる。

> [例] ある高等学校のクラスを性別と出身中学校で分けると次の表のようになる。
>
> | | A中学校 | B中学校 | C中学校 | 合計 |
> |---|---|---|---|---|
> | 男子 | 10 | 7 | 5 | 22 |
> | 女子 | 5 | 7 | 6 | 18 |
> | 合計 | 15 | 14 | 11 | 40 |
>
> この40人の中から1人を無作為に選ぶとき，男子である確率は11/20である。もし，選ばれた生徒がA中学校であることがわかっているときには，15人の中から選ばれることになり，男子の確率は2/3となる。このように，ある条件をつけたときの確率を**条件付き確率**という。

上の［例］で事象 A を，選ばれた生徒が「A中学校出身である」とし，事象 B を「男子である」とすると，$P(A) = 15/40$, $P(A \cap B) = 10/40$ であるから，条件付き確率は

$$P(B|A) = \frac{P(A \cap B)}{P(A)} = \frac{10/40}{15/40} = \frac{2}{3}$$

となる。

条件付き確率の定義を変形すると，次の式が得られる。

$$P(A \cap B) = P(A)P(B|A)$$

この式は，乗法定理（または乗法法則）と呼ばれ，次のような場合に用いられる。

例題 12.6 10本のくじのうち当たりくじが3本ある。2人が順番にくじを引くとき，1人目が当たりくじを引き，2人目がはずれくじを引く確率を求めなさい。ただし，一度引いたくじは元に戻さないものとする。

(答)

1人目が当たりくじを引く事象をA, 2人目がはずれくじを引く事象をBと表す。1人目がくじを引くときには，10本のくじの中に3本の当たりくじがあるので，$P(A) = 3/10$ となる。1人目が当たりくじを引いたあとの状況では，9本のくじの中に2本の当たりくじがあるので，$P(B|A) = 7/9$ となる。よって，1人目が当たりくじを引き，2人目がはずれくじを引く確率は

$$P(A \cap B) = \frac{3}{10} \times \frac{7}{9} = \frac{7}{30}$$

となる。

§ 12.4　やや進んだ確率の話題

2つの事象 A, B は，$P(A \cap B) = P(A)P(B)$ が成り立つとき，独立である。

3つの事象 A, B, C が独立という定義は，多少複雑であり，$P(A \cap B) = P(A)P(B)$, $P(A \cap C) = P(A)P(C)$, $P(B \cap C) = P(B)P(C)$ がすべて成り立つだけでなく，$P(A \cap B \cap C) = P(A)P(B)P(C)$ が成り立たなければならない。

現実の問題では，同様に確からしいという判断は，ある意味で主観的である。サイコロに微妙なゆがみがある場合にも，確率はほとんど変わらないとか，有権者が5,000人の小さな地域で1,000人の人を対象に意識調査をする場合に，本当に等しい確率で対象者を抽出することができるかどうかも，当事者の判断による。単純な誤りで，無作為抽出が実現されておらず，等確率の想定が正しくないような実例は少なくない。

2つのサイコロを投げるとき，1つ目のサイコロに関する結果 A と2つ目のサイコロに関する結果 B の間には何も関係がないと考えるのが普通である。この場合は，事象 A と B は独立と想定して，同時に起こる確率を $P(A \cap B) = P(A)P(B)$ と評価することになる。

3つの事象 A, B, C が独立と考えてよければ，それらを任意に組合わせた事象の確率は，個々の事象の確率の積として評価することができる。

ところで，2つの事象の発生には関係があっても，独立になる場合がある。たとえば，1つのサイコロを投げて，出た目によって「A：偶数」，「B：4以下」とすると，その確率は次のように求められる。$P(A) = 3/6 = 1/2$, $P(B) = 4/6 = 2/3$。A, B が同時に起こる事象は $A \cap B = \{2, 4\}$ の2つ

の根元事象からなり，$P(A \cap B) = 2/6 = 1/3$ である。これはちょうど $P(A)P(B) = (1/2)(2/3) = 1/3$ に等しいから，A と B は独立である。そうすると条件付確率は $P(A \mid B) = P(A \cap B)/P(B) = P(A)$ となり，事象 B を知っても知らなくても事象 A の確率は変わらない。

実は，これらの事象が独立であることは，当事者の判断を考えれば納得できるものである。事象 A が起きればご褒美をもらえる子どもの立場で考えるとよい。B が起きたことを教わっても，偶数が出る可能性は，教わらないときと同じである。

3つの事象 A, B, C の独立性と，A と B，A と C，B と C という2つの事象の独立性で違う意味をもつ例は，次のようなものである。

1, 2, 3, 4 の数字が書かれた4枚のカードから無作為に1枚を抜き出す実験を考える。得られた数字が1または2という事象を，$A = \{1,2\}$ とする。同様に $B = \{1,3\}$, $C = \{1,4\}$ とすると，確率はいずれも $P(A) = P(B) = P(C) = 2/4 = 1/2$ である。積事象については $A \cap B = A \cap C = B \cap C = \{1\}$ だから，$P(A \cap B) = P(A \cap C) = P(B \cap C) = 1/4$ であり，$P(A \cap B) = P(A)P(B)$ などから，2つの事象はいずれも独立となっている。

ところが，$A \cap B \cap C = \{1\}$ で，$P(A \cap B \cap C) = 1/4 \neq P(A)P(B)P(C) = (1/2)^3 = 1/8$ だから，3つの事象は独立ではない。

§12.5 [補足] 順列・組合せ

サイコロ投げ，コイン投げやカードの抜き取りなど，同様に確からしい場合にもとづいて確率を計算する古典的な問題では，場合の数を数えることが必要となる．

すべて異なる数字が記されている n 枚のカードから 1 枚を抜き出すと，異なる結果は n 通り，順番に 2 枚を抜き出すときは，異なる結果は $n \times (n-1)$ 通りである．同じ 2 枚のカードであっても，順番が違えば異なる結果とみなしている．

一般に，n 枚のカードから順番に k 枚を抜き出すと，異なる結果は $n \times (n-1) \times (n-2) \times \cdots \times (n-k+1)$ 通りとなる．これを順列と呼び $_nP_k = n \times (n-1) \times (n-2) \times \cdots \times (n-k+1)$ と定義される．特に，n 枚のカードをすべて順番に抜き出すときは，$_nP_n = n \times (n-1) \times (n-2) \times \cdots \times 2 \times 1 = n!$ となる．$n!$ を階乗と呼ぶ．$2! = 1 \cdot 2 = 2$, $3! = 1 \cdot 2 \cdot 3 = 6$, $4! = 1 \cdot 2 \cdot 3 \cdot 4 = 24$, $5! = 1 \cdot 2 \cdot 3 \cdot 4 \cdot 5 = 120$ と急激に大きくなる．なお $0! = 1$ と定義しておく．

一方，n 枚のカードからまとめて一度に k 枚のカードを抜き出すときは，異なる結果の数は組合せと呼ばれる記号を用いて，$_nC_k$ と表される．

その大きさは，$_nC_k = \dfrac{_nP_k}{k!} = \dfrac{n(n-1)\cdots(n-k+1)}{k!}$ と評価することができる．この式は次のように考えれば容易に確認できる．

n 枚のカードからまとめて一度に k 枚のカードを抜き出してから，改めて 1 列に並べると，$k!$ 通りの異なる並べ方がある．異なる k 枚を抜き出す組合せが $_nC_k$ だから，結局，n 枚のカードから k 枚を抜き出して 1 列に並べる方法は $_nC_k \cdot k!$ 通りである．これが $_nP_k$ に等しいことから，上記

の関係が得られる。

$_nC_0 = 1$, $_nC_1 = n$, $_nC_{n-k} = {}_nC_k$ などの結果を確かめることは容易であろう。

組合せの数 $_nC_k$ は, $\binom{n}{k}$ とも表し, 二項係数と呼ぶことが多い。これは二項式の展開で

$$(a+b)^2 = a^2 + 2ab + b^2, \quad (a+b)^3 = a^3 + 3a^2b + 3ab^2 + b^3$$

など, $(a+b)^n$ における展開式で $a^k b^{n-k}$ の係数が $_nC_k$ で与えられることによる。特に, 二項定理として知られる, 次の式が成り立つ。

$$(a+b)^n = \sum_{k=0}^{n} {}_nC_k\, a^{n-k} b^k = a^n + {}_nC_1 a^{n-1} b + {}_nC_2 a^{n-2} b^2 + \cdots + b^n$$

■■■ 練習問題　　　　　　　　　　　　　　　　（解答は 204 ページです）

問 12.1　1 から 6 の目が同じ確率で出る大小 2 つのサイコロがある。この 2 つのサイコロを 1 回ずつ投げたときの結果として，次の事象を考える。

A: 大きなサイコロの目が偶数である。
B: 小さなサイコロの目が 4 以下である。
C: 大きなサイコロと小さなサイコロの目の和が偶数である。
D: 大きなサイコロと小さなサイコロの目の積が偶数である。

このとき，事象の独立性に関する次の記述として誤っているものを，次の ①〜④ のうちから一つ選べ。

① A と B は独立である

② A と C は独立である

③ B と C は独立である

④ A と D は独立である

問 12.2 ある県の知事の支持率調査を行うために，その県に住む有権者の中から無作為に 500 人を抽出して調査したところ，300 人が知事を支持していた。有権者全体の支持率が 2/3 であるときにこのような結果が生じる確率を計算する式を，次の ① 〜 ④ のうちから一つ選べ。ただし，一人ひとりの回答は独立であると仮定する。

① $\left(\dfrac{2}{3}\right)^{300} \left(\dfrac{1}{3}\right)^{200}$

② $\left(\dfrac{2}{3}\right)^{500} \left(\dfrac{1}{3}\right)^{500}$

③ $_{500}C_{300} \left(\dfrac{2}{3}\right)^{300} \left(\dfrac{1}{3}\right)^{200}$

④ $_{500}C_{300} \left(\dfrac{2}{3}\right)^{500} \left(\dfrac{1}{3}\right)^{500}$

問 12.3 ある病気にかかる確率は，喫煙者と非喫煙者で異なり，喫煙者では 0.3%，非喫煙者では 0.1% とする。もし，ある集団の喫煙者の割合が 20% であるとき，病気にかかった人が喫煙者である確率を，次の ① 〜 ④ のうちから一つ選べ。

① 3/5000 ② 1/3 ③ 3/7 ④ 12/13

13. 標本調査

この章での目標

■ 標本調査の仕組みを理解する

■ ある程度の大きさの偏りのない標本を集めることで、母集団の特徴を予想できることを理解する

■ 標本調査の結果を見る際に、標本の収集方法や標本の大きさを確認して解釈することができる

■ 無作為抽出の必要性やその方法を理解する

■■■ Key Words

- 全数調査, 標本調査
- 母集団, 標本, 標本の大きさ
- 偏り
- 無作為抽出, 乱数

§13.1 全数調査と標本調査

　私たちの社会の中では，さまざまな調査が行われている。これらの調査の結果は，政策を決定するための基礎資料として用いられたり，企業では製品の開発や出荷量の決定などの資料として利用されたりしている。

　最も大規模で有名な調査は国勢調査である。国勢調査は5年に1度，日本に住んでいる人全員を対象として調査が行われる。このように，対象とする集団をすべて調査することを**全数調査**あるいは**悉皆調査**という。これに対して，対象とする集団の一部を取り出して調査するものを**標本調査**という。実際には，対象とする集団が大きくなると全数調査は難しく，標本調査が行われることが多い。全数調査ではなく，標本調査が実施される理由には，次のようなものが考えられる。

1) 製品の寿命調査のように，調査を実施するとその製品が使えなくなる場合
2) 全数調査の場合，調査結果の整理や分析に時間がかかるため，時間的な変化の大きなものについては，調査結果の価値がなくなる場合
3) 全数調査を実施するには，多くの費用がかかる場合

> **例題 13.1**　国が実施する調査のうち，標本調査と全数調査（国勢調査以外）をそれぞれ2つずつあげなさい。

(答)
　　標本調査：たとえば，家計消費状況調査，社会生活基本調査など

全数調査：たとえば，経済センサス，学校基本調査など

> **例題 13.2** あるミカン箱の中のミカンの糖度を調べる場合に，標本調査が行われる理由を答えなさい。

(答)

ミカンの糖度を調べると，そのミカンは商品として使えなくなるため，全数調査を行うことはできない。

§ 13.2 母集団と標本

標本調査では，特徴や傾向などを知りたい集団全体を**母集団**といい，実際に調査を実施する母集団の一部を**標本**という。また，標本に含まれる人やものの数を**標本の大きさ**という。

> **例題 13.3** ある県で，その県の高等学校に通っている高校生 1,000 人を無作為に抽出し，将来その県で生活したいかどうかを調査した。この調査において，母集団と標本，標本の大きさを答えなさい。

(答)

　　母集団：その県の高等学校に通っている高校生

　　標本：無作為に抽出された高校生 1,000 人

　　標本の大きさ：1,000

標本調査では，標本の選び方によっては，標本の特徴が母集団の特徴と

は異なる傾向となる場合がある。たとえば，インターネット調査でコンピュータの利用の割合を調べたとすると，一般の人々でのコンピュータの利用割合よりも利用している人の割合が大きくなる傾向がある。このように，母集団の特徴と標本の特徴の傾向が異なる場合には**標本に偏りがあ**るという。

■■■ **考えてみよう**

> ある市で，近く行われる市長選挙についての調査を，金曜日の夕方6時から8時に中心市街地を通りかかった20歳以上の男女を対象に行った。この市の有権者を母集団と考えるとき，どのような偏りがあるだろうか。

ティータイム ●自発的に回答する調査

社会の中には，自発的に回答する調査もよく行われている。たとえば，レストランに置かれたお客様の声なども自発的に回答する調査の1つである。このような調査の場合には強い意見を持った人は回答する傾向にあるが，現状に満足していたり，強い意見を持たなかったりする人はあまり回答しないため，回答結果は必ずしもお客様全体の声を反映しているとは限らない。最近では，インターネットを利用した調査も多く行われているが，その多くは自発的に回答する調査であることを考慮する必要がある。

§13.3 無作為抽出法

標本を偏りなく選ぶことは意外に難しく，調査者が無作為に選んだつもりでも何らかの偏りが生じることがある。そのため，確率的な現象を用い

て，母集団に含まれている個体が同じ確率で標本として選ばれるような抽出方法が取られる。具体的には，母集団に含まれる個体に全て異なる番号をつけて，その番号を確率的に抽出することになる。この方法を**単純無作為抽出法**という。番号を確率的に選ぶ方法としては，次のようなものがある。

1) サイコロやくじ引きを用いる

たとえば，0から99までの番号のついたくじを準備して，その中から1つ選ぶ方法や正二十面体の各面に0から9の数字のうちの1つを書いて，0から9までの数字が2面ずつあるサイコロを使って，数字を選ぶ方法などがある。

2) 乱数表を用いる

あらかじめ1)のような方法で作成した数字の表を準備する。この表を乱数表という。この乱数表の数字の中から1つ選んで，その場所をスタートとして，ある方向に数字を順番に選んでいく方法が用いられる。

3) コンピュータで乱数を発生させる

1)や2)の方法では，数多くの番号を抽出することは大変である。そのような場合には，乱数とよく似た傾向を持つ数字の列を発生されるコンピュータの関数を用いることがある。たとえば，Microsoft® Excel では0以上1未満の実数値を発生させる乱数が準備されている。これは，乱数とよく似た傾向を持つものの，実際には発生された数の間にはある数学的な関係があるため，擬似乱数と呼ばれることもある。

標本調査では，単純無作為抽出法を用いるなどの方法で標本を偏りなく抽出することによって，母集団に比べて少ない数で，ある程度母集団の傾向を捉えることができる。

■■■ 練習問題　　　　　　　　　　　　　　（解答は 205 ページです）

問 13.1　日本の国勢調査は，何年に一度行われているか，次の①〜④のうちから一つ選べ。

①　2 年　　②　3 年　　③　5 年　　④　10 年

問 13.2　標本調査について述べた次の記述のうち，誤っているものを，次の①〜④のうちから一つ選べ。

① 標本調査は，母集団の一部を対象に行われる調査である。

② 母集団から適切に標本を選ぶことによって，母集団の特徴や傾向を予想することができる。

③ 標本を選ぶ方法としては，無作為抽出法が望ましい。

④ 調査の目的は，標本の特徴や傾向を知ることである。

問 13.3　単純無作為抽出法について述べた次の記述のうち，誤っているものを，次の①〜④のうちから一つ選べ。

① 母集団に含まれるすべての人や物に番号を付けて，この番号を無作為に選ぶ。

② 無作為に選ぶ方法としては，サイコロなどを用いる方法や乱数表を用いる方法などがある。

③ 単純無作為抽出は，調査を行う人の意図が入っていなければよいので，調査者が好きな数字を用いてもよい。

④ 単純無作為抽出では，母集団に含まれる人や物が同じ確率で選ばれる。

問 13.4 ある企業の顧客として登録されている人の中から無作為に 1,000 名選び，この 1,000 名に電話をかけて，小学生の子どものいる人 600 名に子どものお小遣いに関する調査を行った。

　このお小遣いの調査で，母集団と標本について述べた次の記述のうち，正しいものを，次の ① 〜 ④ のうちから一つ選べ。

① 母集団はある企業に顧客として登録されている人全体であり，標本は電話をかけた 1,000 名のうち，小学生の子どものいる 600 名である。

② 母集団は，ある企業に顧客として登録されている人のなかで小学生の子どもを持つ人であり，標本は電話をかけた 1,000 名のうち小学生の子どもを持つ 600 名である。

③ 母集団のある企業に顧客として登録されている人全体であり，標本は電話をかけた 1,000 名である。

④ 母集団は，ある企業に顧客として登録されている人の中で小学生の子どもを持つ人であり，標本は電話をかけた 1,000 名である。

第 II 部

調査の計画と結果の統計的な解釈

14. 問題解決のプロセス

この章での目標

- 問題の明確化や実験・調査の計画の重要性を知る
- PPDACサイクルのそれぞれの段階の内容を理解する
- PPDACサイクルを意識しながら，実際に統計的問題解決に取り組むことができる

Key Words

- PPDAC サイクル
  Problem, Plan, Data, Analysis, Conclusion

§ 14.1　統計的問題解決

　統計的な分析を考えると，あらかじめデータが与えられているものと考えている人も多い．しかし，本来統計的な分析をする際には，目的に応じてデータを収集するところから始まるのが一般的である．実は，このデータを収集する際にミスをしてしまうと，いくらデータを分析しても本来の目的に対する適切な結果を導くことは難しい．そのため，統計的な問題解決[1]を行う際には，データ分析の知識を身につけるだけでなく，データを収集するための計画やデータの整理の方法などもしっかり考える必要がある．また，データの分析を行ったあとも，問題解決を目指して更にデータの収集を行う場合もあり，その方法に関しても注意を払う必要がある．ここでは，統計的な問題解決を実施するために，次節で詳しく述べるPPDACサイクルについて正しく理解しておく必要がある．

§ 14.2　PPDAC サイクル

　問題の解決に至るプロセスは，必ずしも1回の実験や調査で行われるものではなく，何度も実験や調査を繰り返す中でより良い結論を得ることが多い．そのため，この繰り返し行われる問題解決のプロセスとして，巡回型のプロセスがいろいろと提案されている．ここではその中の1つであるPPDACサイクルを紹介する．PPDACサイクルは，次の図のように5つのステップを繰り返し行うもので，ニュージーランドの教育で用いられて

---

[1]「問題解決」の代わりに「課題解決」という用語が用いられることもある．本書では「事実に基づく問題解決」を明確にするため，この用語に統一した．

いる問題解決のプロセスであるが，その基本となったのは，戦後の日本の品質管理の分野で用いられてきたPDCAサイクルといわれている。ここでは，5つのステップについて簡単に紹介する。

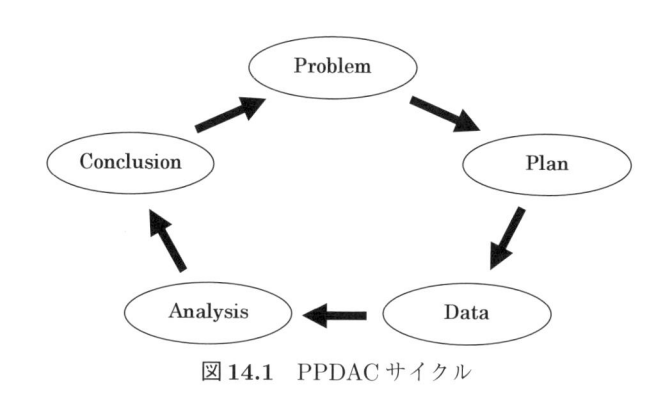

図 14.1　PPDACサイクル

Problem　問題の明確化

　一般に問題解決のプロセスといっても，最初の段階では問題そのものがそれほど明確でない場合が多い。たとえば，「この勉強法を使えば頭がよくなる」という記述について検討する場合を考える。このとき，「この勉強法」が何を指しているのか，「頭がよくなる」とはどういう意味なのか，という点を明確に定義しなければ，実際に調査を実施することも難しいであろうし，データを分析した際の解釈もあいまいになってしまう可能性がある。この段階では，ある程度統計的なデータを集めることによって確かめることができるような問題へと洗練させていくことが大切である。

Plan　実験・調査の計画

　Problemで明確となった問題に対して，どのように実験や調査を実施するのかを決める段階である。ここでは，だれに対してどのような測定を行

うのか，という点が重要である。実験であれば，どのような環境で測定を行うのか，どのような測定方法を用いるのかということを考える必要がある。質問紙などを用いた調査の場合には，どのような形で質問を実施するのか，対象者に対してどのような特性（年齢，性別なども含む）を聞くのか，という点が必要である。対象者の選別においても，どのような対象者を考え，その対象者をどのように確保するのか，という点を考えておく必要がある。

Data　データの収集

データの収集は，基本的にはPlanで策定した計画に基づいて行われるが，データ収集の際に生じる，欠測値の問題や，回答の誤りなどに対しても適切に対応する必要がある。また，測定された値の取り扱いについても配慮する必要がある。測定値の有効桁数の設定や，測定に際して生じる誤りの修正などについても考慮する必要がある。

Analysis　データの分析

収集されたデータに対して，データを集計した結果を表としてまとめたり，グラフを使って表現したりする段階である。もちろん，この段階でも最初に設定した問題を意識しながら，その分析方法について検討する必要がある。

Conclusion　問題の解決

データの分析結果に基づいて，Problemで考えた問題について判断をする。その際には，データの収集の方法や実際の測定の状況等を考慮して解釈をする必要がある。また，1つのサイクルだけで問題が解決するとは限

らない。問題に対して明確な判断ができない場合には、さらに次の問題を考える必要がある。

§14.3 事例で考えてみよう

たとえば、「本をコンピュータで読む場合と書籍で読む場合でどちらが早く読めるだろうか」という問題を考えてみよう。

Problem

読む速さをどのように比較するかを明確にする必要がある。読む速さは、基本的には、1,000文字読むのにかかる時間のように定義することができる。読む人や読む内容によっても違いが生じるだろう。また、読む量によっても異なることが考えられるので、その点を考えながら比較をする必要がある。

Plan

基本的には、実験対象者をできるだけ似た2つのグループに分けて、一方のグループは書籍で、もう一方のグループはコンピュータで同じ文章を読んでもらい、その時間を測定する。

Data

できるだけ、書籍とコンピュータを用いる以外の条件は揃えて、測定を行う。測定結果は、文章を読んだ時間であるが、これに書籍かコンピュータのどちらのグループであるのか、各対象者ごとに記録する。

Analysis

2つのグループの読んだ時間の分布を比較すればよい。この時には，それぞれの分布を見るとともに，平均値や中央値といった代表値を使って比較することもできる。

Conclusion

Analysis で分析した2つのグループの分布の違いに基づいて判断するが，その際には，2つのグループで対象者集団が異なっていることの影響がなかったかどうか，読んだ文章の内容，文章の量などの影響も考慮して判断する。

調べてみよう

インターネット上に「科学の道具箱」という Web ページがある（ http://rikanet2.jst.go.jp/contents/cp0530/start.html ）。このページでは，上の例よりもより現実的な分析ストーリーがたくさん準備されている。その中から興味のある題材を1つ選び，PPDAC サイクルの各段階を考えてみよう。

■■■ **練習問題** （解答は **207** ページです）

問 14.1 次のア～オは，問題解決のサイクルの 5 つの内容を簡潔に述べたものである。

　ア．データを集計した結果をまとめたり，グラフで表現したりする。
　イ．実験や調査を実施する方法について決定する。
　ウ．漠然としている問題を明確にする。
　エ．データを収集する。
　オ．データに基づいて問題を解決したり，問題を再検討したりする。

問題解決のサイクルの順番として正しいものを次の①～④のうちから一つ選べ。

① ウ → エ → ア → オ → イ → ウ
② ウ → イ → エ → ア → オ → ウ
③ イ → ウ → エ → ア → オ → イ
④ イ → エ → ウ → ア → オ → イ

問 14.2 問題解決のサイクルについて述べた記述として誤っているものを次の①〜④のうちから一つ選べ。

① データ分析の際には，あまり課題を意識せずデータのみに着目して解析した方がよい。

② 質問紙を用いて調査を行う場合には，問題文に複数の解釈がないかを調べておく必要がある。

③ 分析結果を用いて問題の解決を図るが，1回のサイクルだけでは問題が解決できない場合もある。その際には，もう一度問題の明確化に戻って追加調査を行う場合もある。

④ 問題を明確化する際には，実験や調査を行うことによって解決できるように工夫する必要がある。

15. 実験・調査の計画

この章での目標

- 実験や調査を行うことで，抽象的な問題を解決可能な問題へと明確化することができる
- 問題の明確化について，その重要性を理解する
- 実験研究と観察研究との違いを把握する

Key Words

- PPDAC
- **実験研究**
- **観察研究**

§ 15.1　問題の明確化

　問題解決のプロセスの章では，PPDACサイクルについて詳しく述べた。ここでは，その中のProblemの問題の明確化について，さらに詳しく考えていく。私たちが調査や研究を行うときの最初の段階では，漠然としたアイデアから始まることも多い。たとえば，「小さいときにこうしておけば頭がよくなる」とか，「この運動をすると健康になる」というような記述が正しいのか，という問題意識からスタートする。

　しかし，これらの記述は，具体的にそれが本当に成り立つかどうかをデータで示すことは難しい。「この運動をする」とはどういうことなのか，「毎日3時間以上しないといけないのか」それとも「週1回1時間程度の運動でよいのか」というように，運動そのものの定義をする必要があるだろう。また，「健康になる」ということの意味も明確にする必要がある。「治療中の病気がなければ健康なのか」，もっと厳しく，「メタボリック症候群の疑いがあった場合には健康とはみないのか」というように，健康をどう定義するのかによって，問題が大きく違ってくるのである。

　それでは，どの程度明確にすればよいのであろうか。その1つの答えは，その問題に対して，調査したデータで結論が出せる，というレベルまで問題を具体化することである。この部分が曖昧な場合には，次のPlanで行う実験・調査の計画を決めることができないからである。もちろん，この問題の具体化をすることによって，残念ながら最初にイメージしていた問題をある程度限定したものに変えることが必要になるだろう。たとえば，最終の目標として「頭が良い」ことの意味として，人間力や生きる力と呼ばれているものをイメージしていたとしても，実際に測定をするため

には，ペーパーテストとして問うことができるものに限定することが必要になる場合もある。このように最初にイメージしていたことに対して，ある一方向だけからの評価にせざるを得ない場合もある。この点に関しては，自分たちで問題解決のサイクルに取り組む場合だけでなく，研究や調査の結果を読む場合においても気をつけておく必要がある。抽象的な記述として書かれている最終ゴールが，実際にどのように測定されているのかをきっちりチェックをしておくことが大切である。

§ 15.2　実験研究と観察研究

統計的な実験と調査は，大きく分けると，実験研究と観察研究に分けることができる。

実験研究

実験研究は，対象者にある種の介入を行う研究である。ここで介入とは，物理実験のように，実験室の中ですべての環境をコントロールできることを意味するわけではなく，対象者を2つのグループに分けて一方のグループには禁煙指導を受けてもらい，もう一方のグループには別の指導を行うというように，ある部分に対して介入を行うことを想定している。そのため，介入している内容以外については，2つのグループの間の違いをできるだけ小さくする必要があり，対象者の年齢や性別などを合わせるなどの工夫が行われる。

観察研究

観察研究は，対象者に介入を行うことなく，自然の状態を観察する研究である。たとえば，日本の平均寿命を考える場合には，それぞれの人の生

死の情報を収集することで求めることができる。また，アンケート調査（質問紙調査）のように，その時点の対象者の意識や状態を記入してもらうことによって，データを収集する場合もある。観察研究では，2つの因子の因果関係を考えるときでも原因の部分を対象者が自分で選択するため，なぜそのような選択をしたのか，という点が問題となる場合がある。たとえば，健康教室に通い始めた人は，健康のために通い始めたのか，何らかの病気になったために通い始めたのかによって意味が異なるのである。それらの点は解釈をする際に気をつける必要が出てくる。

ティータイム　　　　　　　　　　　　　　　　　　　　プラセボ効果

薬の効果を調べる際に気をつけるべき事の1つとして，プラセボ効果がある。プラセボとは，偽薬を表す英語で，本来の薬ではなく，単なるビタミン剤などを用いることを指す。人間の体は，自己修復機能が働いて，薬を用いていなくても，効果が現れることがある。そのため，薬の本来の効果を調べる場合には，薬を飲まない場合と，薬を飲んだ場合を比較するのではなく，プラセボを飲んだ場合と薬を飲んだ場合の結果の違いを評価する必要がある。そのため，薬の効果を調べるような臨床試験では，比較対照を行う相手として，プラセボを用いた集団を用いることが多い。

§ 15.3　実験・調査の計画を立てる

最初に考えた問題に対して，実験・調査の計画を立てる際には，次のことを考える必要がある。

1) どのような研究方法をとるのか？
2) 対象者としてどのような人を選ぶのか？
3) どのような測定を行うのか？

1) については，上で述べた実験的な研究を行うのか，観察的な研究を行うのか，をまず考える。また，実験的研究であれば，どのような介入を行うのか，どのような条件をコントロールするのかを検討する必要がある。観察的な研究を行う場合には，1時点での状況を把握するのか，あるいは追跡調査を実施するのであれば，どのくらいの期間追跡をするのか，などを検討する必要がある。

2) については，どのような人を対象者として考えるのか，という点が重要である。高校生を対象とする研究であるなど，研究の目的の中である程度限定される場合もあるが，研究を進めるうえでさらに限定をかける必要が生じる場合もある。さらに，想定している集団をすべて調べることが難しい場合には，標本調査等を計画する必要も生じる。

3) については，問題の明確化の中である程度測定可能であるものに制限しているが，実際に測定を実施するためには，測定の方法を明確に決める必要がある。14.3節 (p.151) の例にあげた，「文章を読む速さ」を考えると，具体的にどの文章を用いるのか，どれくらいの長さで調査を実施するのか，を具体的に決定する必要がある。また，同じ人に，書籍とコンピュータの両方で文章を読んでもらうことも考えられる。このような実際の調査方法を確定していくことが必要である。

■■■ 考えてみよう

「簡単な計算練習を行うことで，記憶力がアップする」という記述が正しいかどうかを検討する場合について，問題を明確化し，その実験方法を考えてみよう。

■■■ 練習問題　　　　　　　　　　　　　　（解答は 207 ページです）

問 15.1　「ある食品を摂取することで健康になるかどうか」を調べたい。この問題を明確化するために必要なことを述べた次の①〜④のうち，適切でないものを一つ選べ。

① どの程度食品を摂取するのかを明確に決めることが必要である。

② 食品の摂取方法については，こちらから指示するよりも個人の自由意思に任せたほうがよい。

③ 健康かどうかを判断する指標を明確にする必要がある。

④ 健康かどうかを判断する指標を測定する際には，できるだけ条件を揃えておいたほうがよい。

問 15.2　次の①〜④のうち実験研究であるものを一つ選べ。

① 100歳以上の人の生活習慣を詳しく調べる。

② 糖尿病患者のグループを2つに分けて，一方には食事療法を行う際の注意点を詳しく口頭で説明し，もう1つのグループでは，文書で食事療法を行う際の注意点を説明して，食事療法の実施状況を調べた。

③ ある集団の中で，喫煙している人と喫煙をしていない人のグループを選び，何らかのガンにかかる年齢を比較した。

④ ある市の政策への賛否を問うために，その市に住む人の中から無作為に200人選択して，政策への賛否を答えてもらった。

16. データを解釈する

この章での目標

- 問題を考慮しながら，データの分析を行うことができる
- データの収集法を考慮しながら，データの分析を行うことができる
- データの解析結果に基づいて問題を解決したり，新しい問題を構成したりすることができる

Key Words

- 問題
- データ収集法
- 新しい問題の構成

§16.1　問題の設定とデータの分析

データの分析に関しては，データが与えられれば，分析方法は決まると考えられるかもしれない。しかし，実際のデータの分析は，解析の目的である問題の内容やデータが収集された状況などに大きく影響を受ける。

ここでは，問題やデータの収集方法のデータ解析への影響について紹介する。まず，問題の設定がデータ解析に影響する場合として，次のような例を考えてみよう。

例1　ある日の気温の変化

図 16.1 は，ある地点の1時間ごとの気温を幹葉図に表したものである。

```
 8 | 4 9
 9 | 1 1 4 9
10 | 2 7 7 7 8 8
11 |
12 | 1 4
13 | 5 5
14 | 0 8 9
15 | 4 5 8
16 | 5
17 |
18 | 2
```
図 16.1　ある日の気温の幹葉図

左端に1の位までの値を右側には小数点以下第1位の値を表示している。データの大きさは $n = 24$ 個であるから幹葉図で十分データを表すことができる。1日の気温の代表値としては，平均気温が用いられることが多いと思われるが，この日の気温は，平均値である 12.30℃ の付近の測定

値はあまり多くはない．12℃台の値をとっているのは，午前9時と午後8時の2回だけである．また，中央値を計算しても，11.45℃であり，その付近の測定値も少ない．これは，夜間の気温と日中の気温で2つに別れていることからこのようなことが起こっていることが考えられる．そのことを考えると，天気予報等で最高気温や最低気温が示されることの意味がわかるであろう．私たちの生活の中で必要となるのは，気温の平均値や中央値ではなく，最小値や最大値なのである．

例2　1週間の読書時間

図16.2は，あるクラスで1週間の読書時間を調査した結果をヒストグラムに表したものである．このクラスの読書時間の平均値は24.4分で，中央値は15分であった．

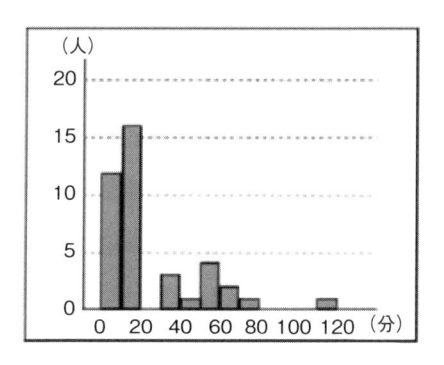

図16.2　読書時間のヒストグラム

この分布を参考にして，このクラスの読書時間を増やすためには，どのような方法が適切であるのかを考えてみよう．もし，このクラスの読書時間としてクラスの平均値を用いるものとすると，平均値を上げる必要がある．たとえば，平均値を10分増やすにはどのような手段が考えられるの

か，を検討してみよう．平均値を10分増やすには，それぞれの人が10分ずつ読書時間を増やせばよいが，あらかじめ120分読んでいる人のように，以前から本をよく読んでいた生徒に以前よりも10分増やしてもらうことはそれほど容易ではない．この場合には，かなりの数の生徒は20分以下であるから，この人たちを対象に読書量を増やす運動をすることが1つ考えられるであろう．

§16.2　データの収集法を意識しながら

データの分析において，データの収集方法を意識する必要がある例を考えてみよう．

例3　スポーツ教室の健康効果

ある保健所で，高齢者の健康の維持を図るために毎週自由参加のスポーツ教室を行っている．その教室の効果を調べるために，年度当初のスポーツ教室参加者の中から，年度末の教室に参加した者を選んで，体力の変化の状況を調べた．測定値としては，5m歩行の時間を測定し，年度当初からの変化を調べた．分析の方法としては，年度末の歩行時間と年度当初の歩行時間の差の分布を調べて，全体的な傾向をみることにする．

このような調査では，全体的に歩行時間が長くなっていなければ，健康状態が維持されていると考え，効果があったと判断する．しかし，この結果を見る場合には，データの収集方法にも気をつける必要がある．解析対象としているのは，年度末と年度当初の2回の測定を共に行った参加者となる．ところが，スポーツ教室は自由参加であるため，年度当初にスポー

ツ教室に参加した人がみんな年度末のスポーツ教室に参加しているわけではない。もちろん，年度末に参加しなかった人たちが，この日の都合が悪かったという理由であれば問題はないが，スポーツ教室に参加している間に体調が悪化したために参加できなくなった場合には，解釈が難しくなる。要するに，データを測定できた人たちは，その前提として体力が維持されスポーツ教室に参加できたことが条件になる。もし，参加しなかった人たちの測定が可能であれば，その人たちはかなり悪い結果となることが予想されるからである。このように，調査した集団がどのような集団であるのかをしっかり把握しておくことが必要である。

§16.3 結果の解釈と新しい問題の設定

データ分析の結果は，統計的な数値やグラフを解釈するだけではなく，それらの解釈を通して，本来の問題に対する答が出せるかどうかを検討する必要がある。

図16.3を見ると，平成14年以降，交通死亡事故による死亡者数が減少傾向であるとわかる。

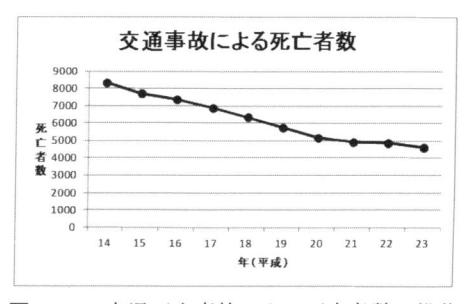

図 16.3 　交通死亡事故による死亡者数の推移

確かに，交通死亡事故による死者数は減少していることはわかるのであるが，それではなぜ，このように交通死亡事故は減少しているのだろうか。

　ここで，新しい問題が浮かび上がる。すなわち，「日本の交通事故による死亡者数減少の理由」である。たとえば，シートベルトの着用が義務づけられたのが原因であることも考えられる。それを示すには，次にどのような調査が必要であるかをしっかり検討しなければならない。

■■■ 練習問題　　　　　　　　　　　　（解答は 208 ページです）

問 16.1　次のヒストグラムは，都道府県別の人口 10 万人当たりの一般病院の数の分布を表している。

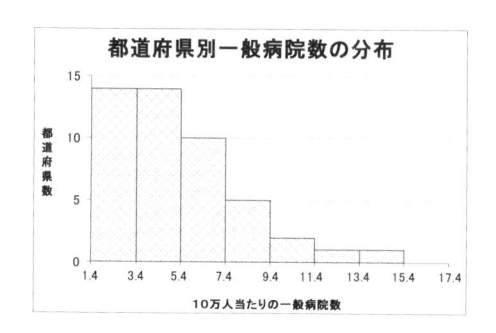

[都道府県別一般病院数の分布のヒストグラム。横軸：10 万人当たりの一般病院数（1.4, 3.4, 5.4, 7.4, 9.4, 11.4, 13.4, 15.4, 17.4），縦軸：都道府県数（0, 5, 10, 15）。度数は概ね 14, 14, 10, 5, 2, 1, 1。]

このヒストグラムから，多くの都道府県では，人口 10 万人当たりの一般病院数は 10 以下であるが，一部非常に大きい県があることがわかる。そこで，11.4 以上の都道府県を調べてみると，徳島県，高知県，大分県，鹿児島県の 4 県であった。どのような県が，一般病院数が多いのかを調べるための方法として適切ではないものを次の①〜④のうちから一つ選べ。

① 11.4 以上の都道府県は西日本にあるため，できるだけ数が等しくなるように都道府県を東西 2 つのグループに分けて，それぞれのグループの人口 10 万人当たりの一般病院の数の分布を調べた。

② 11.4 以上の都道府県は比較的人口が少ないため，都道府県人口と人口 10 万人当たりの一般病院の数を散布図に表してその関係を調べた。

③ 11.4 以上の都道府県が農業中心の県であるため，第 1 次産業の従事者の割合が 50% 以上の都道府県と 50% 未満の都道府県に分けて，人口 10 万人当たりの一般病院の数の分布を調べた。

④ 11.4 以上の都道府県は人口密度が低い県であるため，都道府県の人口密度と人口 10 万人当たりの一般病院の数を散布図に表してその関係を調べた。

問 16.2　次の図は，平成 22 年度までの 10 年間の山岳遭難者の推移を表している。

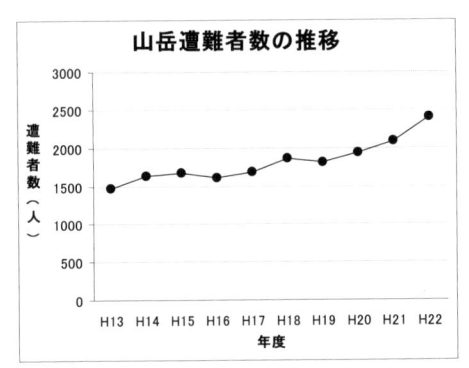

山岳遭難者数の推移

この資料からもわかるように，この 10 年間の山岳遭難者数は増加の傾向がみられる。平成 18 年度以降の 60 歳以上の遭難者数をみると，次の表のようになっている。

年度	H18	H19	H20	H21	H22
60 歳以上の遭難者数	909	871	1004	1040	1198

この結果からわかることとして適切なものを，次の ① ～ ④ のうちから一つ選べ。

① 60 歳以上の登山者は遭難する割合が高い。

② 60 歳以上の遭難者数は，平成 19 年度以降だんだん増加している。

③ 遭難者に占める 60 歳以上の遭難者の割合は年々増加している。

④ 60 歳以上の人口が増えているので，60 歳以上の登山者数も増えている。

17. 新聞記事や報告書を読む

この章での目標

- 新聞記事や調査報告書から統計的な情報を把握することができる
- 新聞記事や調査報告書を批判的に解釈することができる

Key Words

- 調査実施者
- 調査対象者
- 測定の方法
- グループの比較

§ 17.1　私たちの身の回りの統計を探してみよう

　私たちの生活の中では，さまざまな統計的なデータが用いられている。これまでの問題解決のためのプロセスでは，実際に調査を計画するところから，分析し，結論をまとめるところまでを考えてきた。もちろん，実際にこのプロセスを体験することは重要である。それと同時に，新聞記事や調査報告書等を調べて，そこから正しく情報を把握できるようになることも重要である。

§ 17.2　読む際のポイント

　新聞記事や調査報告書を読む際に気をつけるべき内容を，ここでは整理しておこう。

1) 記事の元になっているものは何か？

　統計的なデータに基づいた新聞記事は，新聞社自身が調査を行う場合もあるが，多くの場合は，何らかの調査研究の結果に基づいて記事が書かれていることが多い。そのため，どのような調査に基づいて記事が書かれているのかを，まずチェックしておこう。

2) 調査の実施者は誰か？

　新聞記事の基となった調査研究を実施している調査者は，どのような立場で調査を実施しているのかを確認しよう。調査の実施者が必ずしも中立な立場であるとは限らない。調査を実施している人たちは，ある目的を

もって調査を実施している。もちろん，自分たちの問題について証拠を集めることが目的であるが，しっかりした調査者であれば調査結果の信ぴょう性を確保するために，調査計画段階で公平な計画を立てているであろう。しかし，調査の中には意図的であるかどうかは別として，示したい結論へと偏った計画となっている場合も少なくない。その点を確認する上でも，調査の実施者について考慮しておく必要がある。

3) 調査の対象者をどのように選択するのか？

標本調査のところでも述べたが，調査対象者を選択する方法はデータの分析結果に大きな影響を与える。そのため，標本調査であればどのような形で調査対象者を選択するのかを確認することが重要である。また，標本の選択方法だけではなく，回答を拒否する人たちがどの程度いるのか，そのような回答拒否による結果への影響はないのか，などが検討されているかどうかも確認する必要があるであろう。調査報告書の場合には，調査の目的に関わるデータだけではなく，年齢や性別の分布などの情報が提示されており，その分布を見ることによって，調査に回答した集団が特別な集団となっていないかを検討する際に役に立つであろう。

4) どのように測定されたのか？

問題探求のプロセスでも取り上げたが，研究の目的にあわせて，測定の方法も検討していく必要がある。実は，この測定方法によって結論が変わる場合もあるので，この点は重要である。特に，質問紙による調査や面接による調査では，どのように問いかけたのかによって，回答が異なる場合がある。たとえば，「あなたの支持している政党はどこですか」という問いに対して回答してもらう場合，「あなたの支持している政党は，強いて

挙げればどこですか」というように「強いて挙げれば」という言葉が入ることによって，それぞれの政党の支持率は少しずつ上がる可能性があるであろう。

5）比較している場合は，どのようなグループの間の比較か？

　統計的な実験によって，ある方法の効果を調べる場合には，グループ間での比較が必要である。そのため，記事の中から比較する集団の違いをしっかり把握することが必要である。時には，新聞記事の中には詳しい記述がない場合もあるので，その時には記事のもとになっている調査の報告書等にあたってみることも必要である。また，グループ間の違いが記事で述べられている違いだけかどうか，そのほかの因子についてはできるだけ違いが生じないように努力されているかをチェックしよう。

　この他にも，新聞記事等を読む際に気をつけるべきことはいろいろ考えるが，上の5つの点は重要であるから，留意しておいたほうがよいだろう。

■■■ **練習問題**　　　　　　　　　　　　　（解答は 208 ページです）

問 17.1　次の文章は，日本銀行が 2012 年 3 月に実施した「生活意識調査」に関して述べたものである。

> 日本銀行が 2012 年 3 月に実施した「生活意識調査」の報告書によると，1 年前に比べて今の景気が良くなったと回答した人は 1.9% であり，変わらないと答えた人が 40.3%，悪くなったと回答した人が 57.5% であった。この調査は，全国の満 20 歳以上の個人を対象に，層化二段階無作為抽出法で標本を抽出して，郵送で実施されたものであり，4,000 人に送付して，有効回答率は 56.0% であった。

この文章に基づいて述べた記述として適切でないものを，次の①〜⑤のうちから一つ選べ。

① この文章のもとになっているものは，「生活意識調査」の報告書である。
② 調査を実施したのは，日本銀行である。
③ 調査対象者は，全国の満 20 歳以上の個人である。
④ 景気が変わらないと判断した人は，約 1,600 人である。
⑤ アンケートに回答した人は，約 2,240 人である。

第III部

実践問題

2011年11月20日実施
統計検定3級試験問題
（解答は209ページから）

問1 ある高校の 1 年生女子 7 人の握力を調べたところ次の表のようになった。

番号	1	2	3	4	5	6	7
握力 (kg)	20	28	14	27	26	15	17

このデータについての記述として誤っているものを，次の ① ～ ⑤ のうちから一つ選べ。 $\boxed{1}$

① 最小値は 14 である。

② 最大値は 28 である。

③ 平均値は 21 である。

④ 中央値は 20 である。

⑤ 範囲は 28 である。

問2 1ヶ月に読んだ本の冊数をある高校の 1 年生 5 人に聞いたところ，

$$3, 5, 5, 7, 10 \text{ (冊)}$$

であった。このデータの平均値は 6 （冊）である。このデータの標準偏差の計算式として適切なものを，次の ① ～ ⑤ のうちから一つ選べ。 $\boxed{2}$

① $\dfrac{(3-6)+(5-6)+(5-6)+(7-6)+(10-6)}{5}$

② $\dfrac{|3-6|+|5-6|+|5-6|+|7-6|+|10-6|}{5}$

③ $\dfrac{(3-6)^2+(5-6)^2+(5-6)^2+(7-6)^2+(10-6)^2}{5}$

④ $\sqrt{\dfrac{|3-6|+|5-6|+|5-6|+|7-6|+|10-6|}{5}}$

⑤ $\sqrt{\dfrac{(3-6)^2+(5-6)^2+(5-6)^2+(7-6)^2+(10-6)^2}{5}}$

問3 次の表は，ある高校の3年生男子25名の50m走の結果（単位は秒）について，ある表計算ソフトを用いてまとめたものである。ただし，偏差はそれぞれの50m走の結果から25人の平均値を引いた値を表す。

番号	50m走	偏差	偏差の平方
1	7.0	−0.2	0.04
2	7.8	0.6	0.36
3	6.8	−0.4	0.16
4	6.9	−0.3	0.09
5	6.9	−0.3	0.09
⋮	⋮	⋮	⋮
⋮	⋮	⋮	⋮
24	7.0	−0.2	0.04
25	6.9	−0.3	0.09
合計	180	0	4.8
平均	7.2	0	0.192

〔1〕この表から25人の50m走の結果の分散を求めることができる。次の ① ～ ⑤ のうちから分散の値として最も適切なものを一つ選べ。 3

① 180 ② 7.2 ③ 4.8 ④ 1.5 ⑤ 0.192

〔2〕この25人の最小値，第1四分位数，中央値，第3四分位数，最大値は，次のようになっている。

最小値	第1四分位数	中央値	第3四分位数	最大値
6.3	6.9	7.1	7.55	8.1

このとき，四分位範囲の値として正しいものを，次の ① ～ ⑤ のうちから一つ選べ。 4

① 1.8 ② 0.9 ③ 0.65 ④ 0.45 ⑤ 0.2

問4　2つの変量 x と y の相関係数を r とする。このときの記述として**誤っ**ているものを，次の ①〜⑤ のうちから一つ選べ。　5

① x をすべて 2 倍してできる変量 z と変量 y の相関係数は r と等しい。

② x にすべて 10 を加えてできる変量 z と変量 y の相関係数は r と等しい。

③ r は -1 以上 1 以下の値を必ず取る。

④ 変量 y と変量 x の相関係数は $-r$ となる。

⑤ 2つの変量 x と y が右下がりの直線の近くに分布しているとき，相関係数 r は -1 に近い値となる。

問5　右の 5 つの散布図 (A)〜(E) は，5 種類のデータの変量 x と変量 y の関係を表したものである。

　　この5種類のデータの相関係数についての記述として**誤っている**ものを，次の ①〜⑤ のうちから一つ選べ。　6

① (B) は正の相関があり，相関係数は正の値をとる。

② (A) の相関係数は他のデータに比べて 0 に近い値をとる。

③ (B) よりも (C) の方が，相関係数の値は大きい。

④ (E) は負の相関があり，相関係数は負の値をとる。

⑤ (C) と (D) はいずれも強い相関があり，相関係数の値は他のデータに比べて 1 に近くなる。

(A)

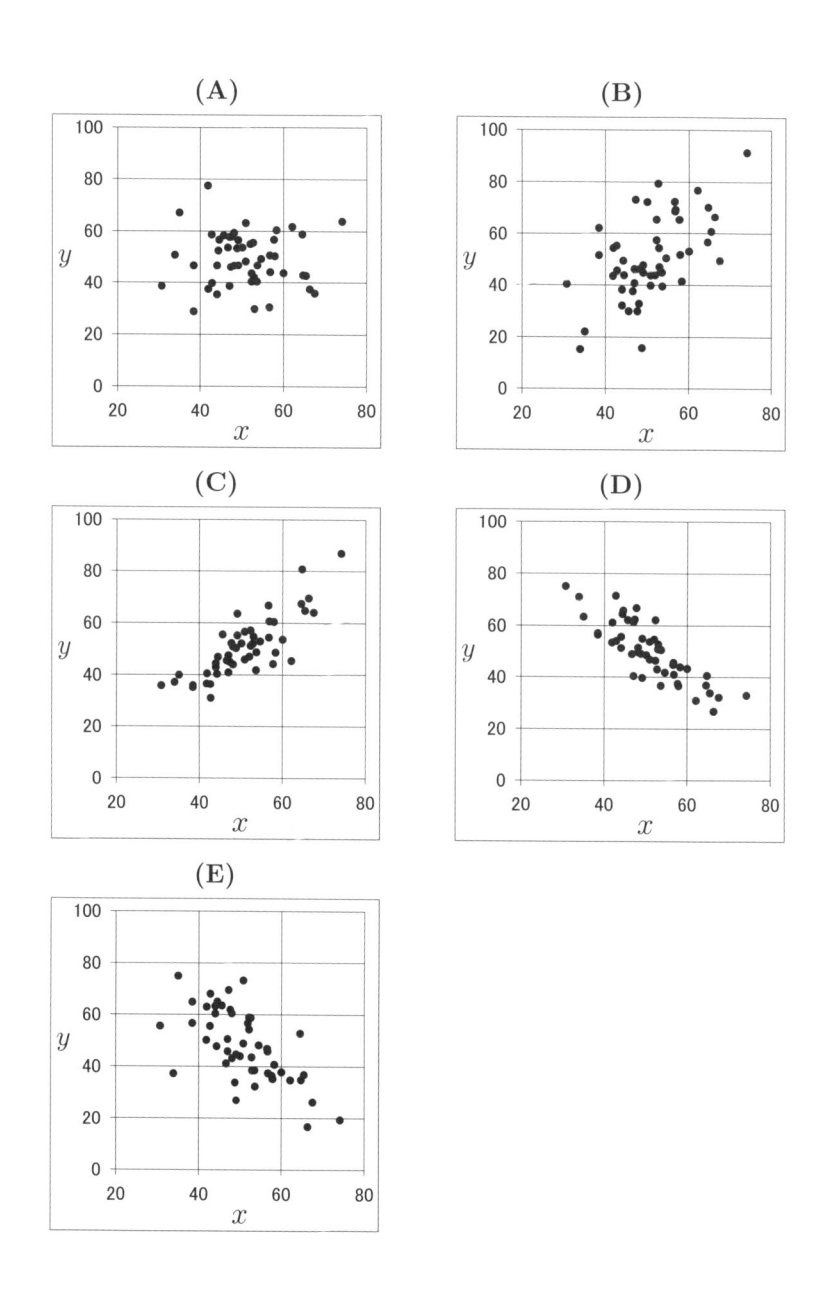

(B)

(C)

(D)

(E)

問6 中学3年のあるクラスの男子生徒のハンドボール投げの結果（単位は m）を調べたところ，最小値は 10，最大値は 34，中央値は 22.5，第1四分位数は 19.5，第3四分位数は 24.5，平均値は 21.5，標準偏差は 4.02 であった。このデータの箱ひげ図として，次の ①〜⑤ のうちから最も適切なものを一つ選べ。 7

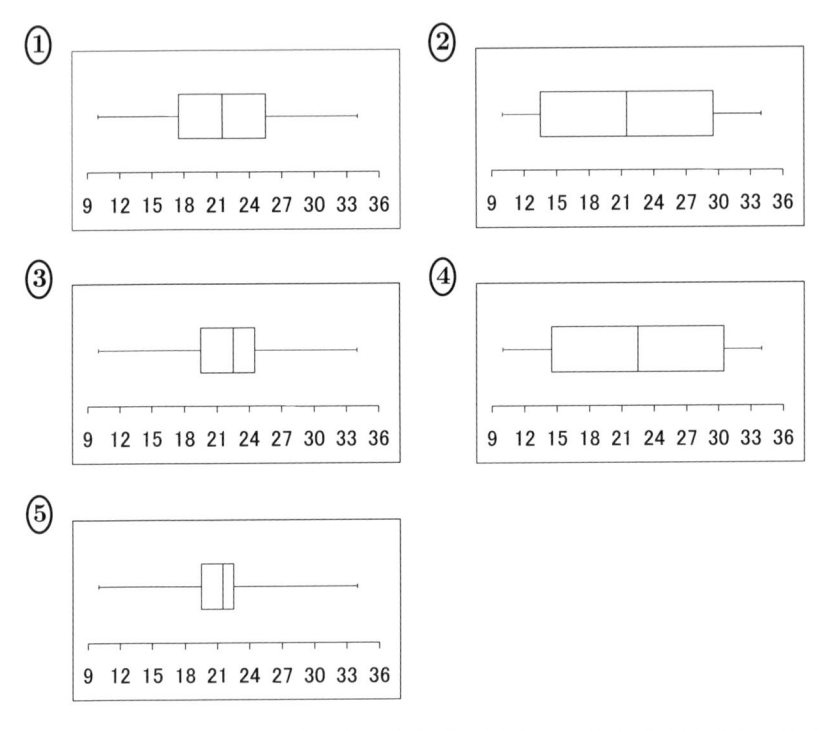

①
②
③
④
⑤

問7 コインを4回投げて表が少なくとも1回出る確率を求める式を，次の ①〜④ のうちから一つ選べ。 8

① $\left(\dfrac{1}{2}\right) \times \left(\dfrac{1}{2}\right) \times \left(\dfrac{1}{2}\right)$

② $4 \times \left(\dfrac{1}{2}\right) \times \left(\dfrac{1}{2}\right) \times \left(\dfrac{1}{2}\right) \times \left(\dfrac{1}{2}\right)$

③ $1 - \left(\dfrac{1}{2}\right) \times \left(\dfrac{1}{2}\right) \times \left(\dfrac{1}{2}\right)$

④ $1 - \left(\dfrac{1}{2}\right) \times \left(\dfrac{1}{2}\right) \times \left(\dfrac{1}{2}\right) \times \left(\dfrac{1}{2}\right)$

問8　胃がん検診では，1次検診で要精密検査と診断された人を対象に精密検査が行われる。1次検診で要精密検査と診断される確率は 10% である。また，1次検診で要精密検査と診断され，かつ精密検査で胃がんと診断される確率は 0.1% である。このとき，要精密検査と診断されたという条件のもとで，胃がんと診断される確率として正しいものを，次の ① ～ ⑤ のうちから一つ選べ。 $\boxed{9}$

① 10.1%　② 10%　③ 1%　④ 1.1%　⑤ 0.01%

問9　次の乱数表（乱数に関する日本工業規格 JIS Z 9031 の一部を抜粋）を用いて 1 以上 500 以下の 3 桁の乱数を取り出すことを考える。なおここでは，鉛筆を乱数表に落とし，鉛筆の先が指した数字から右へ 3 つずつ区切って 3 桁の数字をつくり，同じ数字や 1 から 500 までの数字以外であれば，その数字を捨てて選び直すとする。また 001 や 011 のときは，1 や 11 とする。（例：1 行目の左から 8 番目の数字「2」を指したときは，217, 258, …）

```
93  90  60  02  17    25  89  42  27  41    64  45  08
34  19  39  65  54    32  14  02  06  84    43  65  97
27  88  28  07  16    05  18  96  81  69    53  34  79
95  16  61  89  77    47  14  14  40  87    12  40  15
50  45  95  10  48    25  29  74  63  48    44  05  18

11  72  79  70  41    08  85  77  03  32    46  28  83
```

この乱数表において 3 つの乱数を得るために，鉛筆を乱数表に落とし，最初の数字が 3 行目の左から 5 番目の数字「2」を指した。このとき得られた 3 つの乱数として正しいものを，次の ① ～ ⑤ のうちから一つ選べ。 $\boxed{10}$

① 280, 716, 51　② 280, 51, 347　③ 28, 7, 16
④ 28, 61, 95　⑤ 280, 71, 60

問10　A高校の1年生320人全員について学籍番号のリストを作成し，このリストから乱数を用いて10人の生徒を選んだ。このとき結果的に選ばれた全員が男子であった。このとき適切なものを，次の ① ～ ④ のうちから一つ選べ。 11

① 母集団は全国の高校であり，標本はA高校である。

② 母集団はA高校の1年生全員であり，標本は選ばれた10人の生徒である。

③ 母集団はA高校の生徒全員であり，標本は選ばれた1年生10人である。

④ 母集団はA高校の1年生男子全員であり，標本は選ばれた1年生男子10人である。

問11　ある養魚場の池には大量のニジマスがいる。この池のニジマスの数を推定するために，次のようなステップで調査を行った。

ステップ①　池の中から，ニジマスを80匹採取し，これらのニジマスに目印を付けて元の池に戻した。
ステップ②　数日後，池の中からニジマスを60匹採取したところ，その中に目印の付いたニジマスが3匹いた。

〔1〕この調査のステップ②はある種の標本調査と考えることができる。この場合の母集団，標本，標本の大きさとして次の ① ～ ⑤ のうちから最も適切なものを一つ選べ。 12

① 母集団：ステップ①で目印をつけた80匹のニジマス
標本：ステップ②で採取した60匹のニジマス
標本の大きさ：60

② 母集団：ステップ①で目印をつけた80匹のニジマス
標本：ステップ②で採取した目印付きのニジマス
標本の大きさ：3

③ 母集団：ステップ①で目印をつけた80匹のニジマス
標本：ステップ②で採取した60匹のニジマス
標本の大きさ：3

④ 母集団：池のニジマス全体
標本：ステップ②で採取した60匹のニジマス
標本の大きさ：60

⑤ 母集団：池のニジマス全体
標本：ステップ②で採取した目印付きのニジマス
標本の大きさ：3

〔2〕この調査から池のニジマスの数を予想するためには，いくつかの仮定をおく必要がある。次の ① ～ ④ のうちから，**必要でないもの**を一つ選べ。 13

① 調査期間中に死んだ魚や新たに池に入った魚はいない。
② ステップ①で付けた目印は消えていない。
③ どのニジマスも採取される可能性は同じである。
④ 池の中のニジマスのオスとメスの数は等しい。

問12 ある学級で行ったテストの結果をまとめたところ，平均は45点で標準偏差は12点であった。ただし，テストの得点はすべて整数値とする。全体的に平均点が低かったため，それぞれの点数に対して次のような調整を行うことを考えた。

　a　全員の得点に一律5点を加える。
　b　全員の得点を10%増加させる。ただし，このとき53点の場合には5.3点を加えることとし，58.3点のように小数の得点も認めることとする。

このとき，次の ① ～ ⑤ の記述のうち誤っているものを，一つ選べ。
14

① aの場合，標準偏差は12点のままである。

② aの場合よりもbの場合の方が平均点は低くなる。
③ aの場合よりもbの場合の方が標準偏差は大きくなる。
④ aの場合の平均点は50点である。
⑤ aの場合とbの場合において，60点以上の生徒の割合がどちらが大きくなるのかは，この情報からでは分からない。

問13 ある幼稚園の男子の1日の歩数を調べたところ，次の度数分布表が得られた。なお四捨五入のため，各階級の相対度数の合計は100％になるとは限らない。

階級			度数	相対度数
4,000	～	5,999	1	1.5％
6,000	～	7,999	17	25.0％
8,000	～	9,999	18	26.5％
10,000	～	11,999	14	20.6％
12,000	～	13,999	14	20.6％
14,000	～	15,999	4	5.9％
合計			68	100.0％

このデータの箱ひげ図として，次の ①～⑤ のうちから最も適切なものを一つ選べ。 15

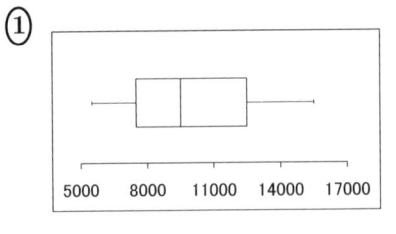

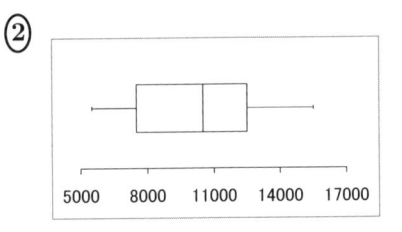

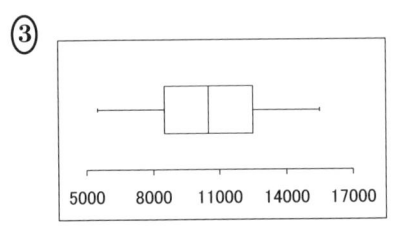

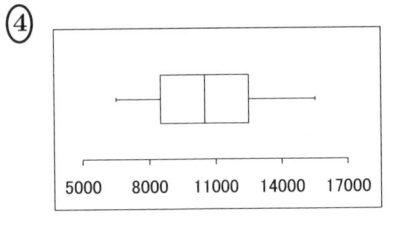

⑤

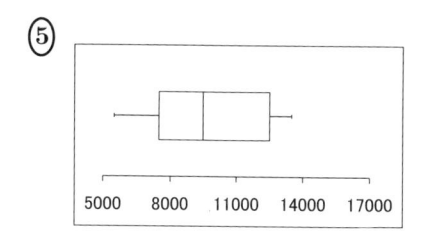

```
5000  8000  11000  14000  17000
```

問14　次の散布図は，補習を行う前後に実施した試験の143人の点数を表している。参考のため，散布図の中に補習後の試験の点数と補習前の試験の点数が等しいことを表す直線を引いたところ，この直線上に3人の点が，この直線よりも下に7人の点があることがわかった。

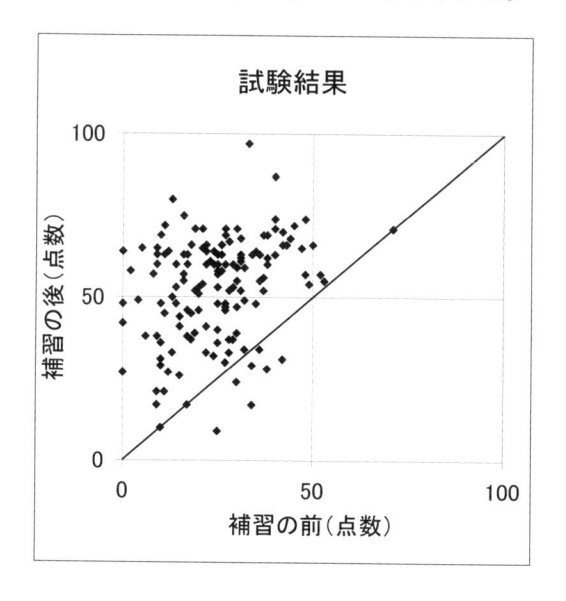

試験結果

（横軸：補習の前（点数），縦軸：補習の後（点数））

この散布図の解釈として，次の3つを考えた。

　a　補習前の試験の点数よりも補習後の点数の方が高い生徒は90％以上いる。
　b　補習前の試験の平均点よりも，補習後の試験の平均点の方が高い。
　c　補習前の試験の点数と補習後の試験の点数の間には，強い相関がある。

このとき適切な選択肢を，次の ① ～ ⑤ のうちから一つ選べ。　16

① a のみ正しい。　　　　② b のみ正しい。
③ a と b のみ正しい。　　④ a と c のみ正しい。
⑤ a, b, c はすべて正しい。

問15　次の図は，東京における各月の日ごとの平均気温の平年値（1981年～2010年）を月別に箱ひげ図に表したものである。

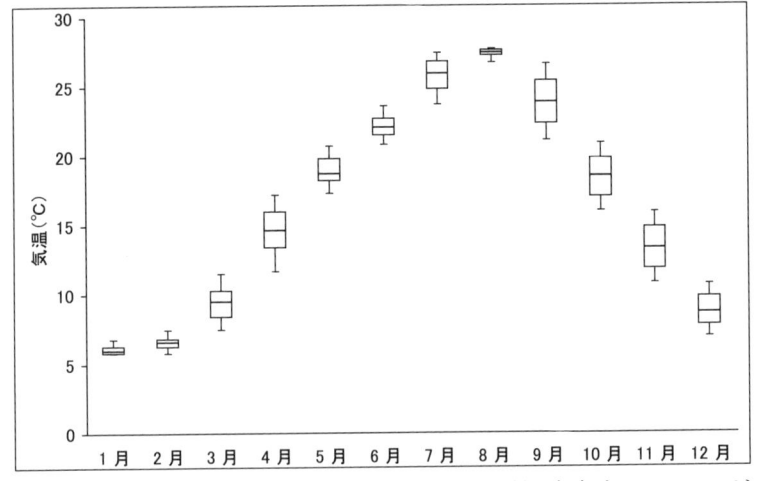

資料：気象庁ホームページ

この箱ひげ図から読み取れることとして，次の3つを考えた。

　　a　4月と10月のデータの平均値は等しい。
　　b　4月のデータの範囲は5月のデータの範囲に比べて9月のデータの範囲に近い。
　　c　各月で中央値に近い15日分の平均気温の高低差は1月，2月，8月が他の月と比べて小さい。

このとき適切な選択肢を，次の ① ～ ⑤ のうちから一つ選べ。　17

① a のみ正しい。　　② b のみ正しい。　　③ c のみ正しい。

④　aとbのみ正しい。　　⑤　bとcのみ正しい。

問16　A市の小学1年生（352人）とB町の小学1年生（125人）に一番好きなスポーツについて調査を実施した。下のグラフはその結果である。なお，野球，サッカー，バスケット以外の回答はその他としてまとめた。

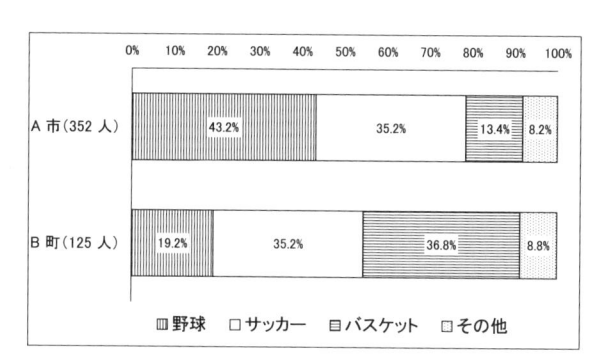

	0%	10%	20%	30%	40%	50%	60%	70%	80%	90%	100%
A市(352人)			43.2%				35.2%			13.4%	8.2%
B町(125人)	19.2%			35.2%				36.8%			8.8%

■野球　□サッカー　▥バスケット　□その他

次の ①～④ のうちから最も適切なものを一つ選べ。　18

① A市とB町のサッカーを好きと答えた児童の人数は同じである。
② B町のバスケットを好きと答えた児童の人数は，A市のバスケットを好きと答えた児童の人数よりも多い。
③ A市の野球が好きと答えた児童の人数は，B町の野球が好きと答えた児童の人数の2.25倍である。
④ B町の野球を好きと答えた児童の人数は，B町のその他のスポーツに数えられた児童の人数の約2.18倍である。

問17　日本の国勢調査について，次の ①～④ のうち正しいものを一つ選べ。　19

① 国勢調査は5年に1度実施され最近では平成20年に実施された。
② 国勢調査は5年に1度実施され最近では平成22年に実施された。
③ 国勢調査は10年に1度実施され最近では平成20年に実施された。
④ 国勢調査は10年に1度実施され最近では平成22年に実施された。

問18 ある学級で日本の少子化について考えていたときに，その原因の一つとして結婚をする人が少なくなっているのではないかという意見が出された。そこで，2008年の婚姻率のデータ（総務省統計局）を調べた。婚姻率とは，人口1,000人当たりの婚姻件数として定義されている。47都道府県の婚姻率の度数分布表とヒストグラムは次のようになった。また，岐阜県の婚姻率が中央値であることがわかった。

階級（件/千人）	度数
4.0以上 4.5未満	2
4.5以上 5.0未満	13
5.0以上 5.5未満	16
5.5以上 6.0未満	9
6.0以上 6.5未満	3
6.5以上 7.0未満	3
7.0以上 7.5未満	1
合計	47

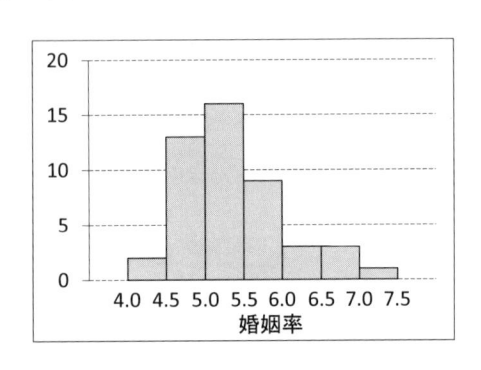

[1] このデータから読み取れる岐阜県の婚姻率に関する記述として，次の①～④のうちから最も適切なものを一つ選べ。 20

① 4.5以上5.0未満の階級にある。

② 5.0以上5.5未満の階級にある。

③ 4.5以上5.0未満の階級あるいは5.0以上5.5未満の階級にあるが，どちらの階級にあるかはわからない。

④ 岐阜県の婚姻率は47都道府県の平均婚姻率に等しい。

[2] このデータを利用して全国の婚姻率を計算するためには，別のデータを追加する必要がある。追加するデータとして，次の①～⑤のうちから最も適切なものを一つ選べ。 21

① 日本全国の人口　　　② 都道府県別の人口

③ 都道府県別の世帯数　④ 日本全国の男性の数

⑤ 都道府県別の男性の数

〔3〕ヒストグラムを見ると婚姻率が 7.0 を超えている都道府県があることがわかる。これは東京都であった。東京都の婚姻率が高い理由は，若い人の人口の割合が高いからではないか，という意見が出された。そこで，47 都道府県の 20 歳から 40 歳未満の人口の割合を調べて，この割合と婚姻率の関係を次の散布図で表した。

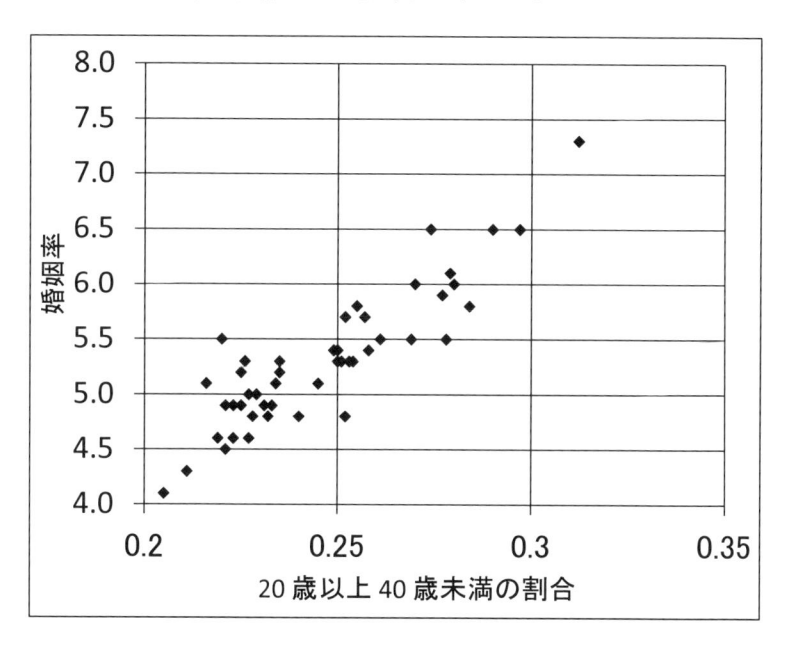

この散布図からわかることとして**適当でないもの**を，次の ①〜④ のうちから一つ選べ。| 22 |

① 20 歳以上 40 歳未満の割合が高い都道府県ほど婚姻率が高い傾向がある。
② 20 歳以上 40 歳未満の割合が最も高いのは東京都である。
③ 20 歳以上 40 歳未満の割合と婚姻率の間の相関係数は正である。
④ 20 歳以上 40 歳未満の割合の中央値は 0.25 より大きい。

問19 次の表は，平成13年度から平成21年度までの米と小麦の作付面積を表している。ここでは，それぞれの作付面積の相対的な変化に着目して，米と小麦を比較したい。その場合の方法として**適切でない**ものを，下の ① ～ ④ のうちから一つ選べ。 23

年度	作付面積 (ha)	
	米	小麦
2001	1,706,000	89,400
2002	1,688,000	94,000
2003	1,665,000	99,500
2004	1,701,000	98,600
2005	1,706,000	98,000
2006	1,688,000	97,700
2007	1,673,000	92,600
2008	1,627,000	93,100
2009	1,624,000	92,000

資料：農林水産省統計部『作物統計』

① 米と小麦それぞれで，2001年度の作付面積を100として，
（各年度の作付面積）／（2001年度の作付面積）×100
を計算して，比較する。

② 米と小麦それぞれで，前年度との作付面積の差，すなわち
（各年度の作付面積）－（前年度の作付面積）
を計算して，比較する。

③ 米と小麦それぞれで，前年度との作付面積の比，すなわち
（各年度の作付面積）／（前年度の作付面積）
を計算して，比較する。

④ 米と小麦それぞれで，作付面積の変化率，すなわち
{（各年度の作付面積）－（前年度の作付面積）}／（前年度の作付面積）
を計算して，比較する。

問20　イネの種を播いてから発芽するまでの日数を調べたところ，次の表のような結果が得られた。

播種後日数	累積発芽数
1日	0
2日	0
3日	5
4日	33
5日	75
6日	83
7日	85
14日	89

このデータから累積発芽数（その日までに発芽した種の合計）の変化の様子を調べる際に，次の ① ～ ④ のうちから最も適切なグラフを一つ選べ。 24

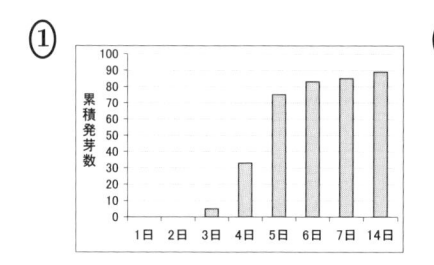

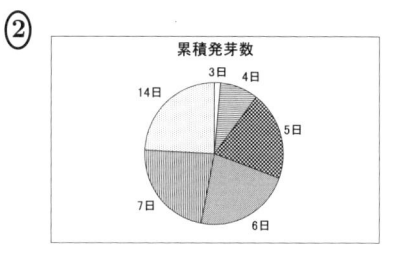

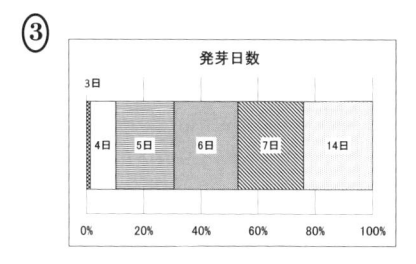

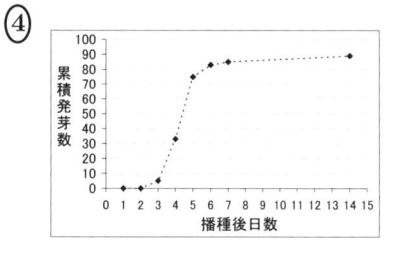

問21 ある中学校のA組50名とB組25名を対象に体力テストを実施した。A組の50m走のタイムの結果は次の度数分布表に示すとおりである。この表では度数の値だけではなく，それぞれの階級以下の度数を足し合わせた値である累積度数を示した（たとえば，8秒未満の累積度数は$0+1+2=3$）。また，累積相対度数は，全体に対する累積度数の割合を示す値である（8秒未満の累積相対度数は$3 \div 50 \times 100 = 6\%$）。

50m走タイムの度数分布表（A組）			
タイム	度数（人）	累積度数（人）	累積相対度数（%）
6.5秒以上 - 7.0秒未満	0	0	0
7.0秒以上 - 7.5秒未満	1	1	2
7.5秒以上 - 8.0秒未満	2	3	6
8.0秒以上 - 8.5秒未満	3	6	12
8.5秒以上 - 9.0秒未満	6	12	24
9.0秒以上 - 9.5秒未満	9	21	42
9.5秒以上 - 10.0秒未満	10	31	62
10.0秒以上 - 10.5秒未満	9	40	80
10.5秒以上 - 11.0秒未満	6	46	92
11.0秒以上 - 11.5秒未満	3	49	98
11.5秒以上 - 12.0秒未満	1	（ア）	（イ）
合計	50		

〔1〕A組の度数分布表の（ア）と（イ）の値として正しい組み合わせを，次の ①〜⑤ のうちから一つ選べ。 25

① （ア）：100，（イ）：100 ② （ア）：50，（イ）：50
③ （ア）：100，（イ）：50   ④ （ア）：50，（イ）：98
⑤ （ア）：50，（イ）：100

〔2〕B組の結果もA組同様に累積相対度数を計算し，下のような折れ線グラフに表した。この累積相対度数のグラフは，横軸が50m走のタイム，縦軸が累積相対度数であり，この2軸からなる平面上に，階級の上限値と累積相対度数の位置に点を描き，各点を直線で結んで作成している。たとえば，A組の8.5秒未満の累積相対度数（12%）は，横軸8.5，縦軸12の位置に描く。なお，横軸の6.5に相当する累積相対度数はA組B組ともに0であり，折れ線はともに(6.5, 0)の点から描き始めている。

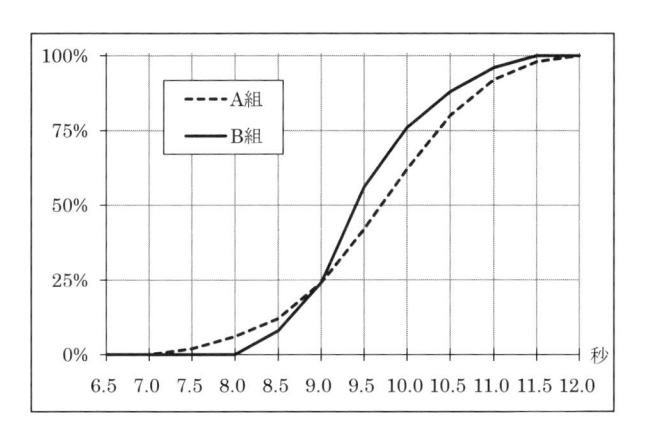

〔2-1〕このグラフについて，次のコメント a と b の正誤を○×で示した組み合わせとして適切なものを，下の ① ～ ④ のうちから一つ選べ。　**26**

　　a　最も速いタイムの生徒は，A組の方である。
　　b　タイムの中央値は，A組の方がB組より小さい。

① a：○，b：○　　　② a：○，b：×
③ a：×，b：○　　　④ a：×，b：×

〔2-2〕このグラフについて, 次のコメント c と d の正誤を○×で示した組み合わせとして適切なものを, 次の ① 〜 ④ のうちから一つ選べ。 27

 c B 組に 11.5 秒以上のタイムの生徒はいない。
 d B 組で 9.5 秒未満の生徒は B 組の半数以上いる。

① c：○, d：○   ② c：○, d：×
③ c：×, d：○   ④ c：×, d：×

解　答

第 I 部　練習問題の解答

第 1 章　調査項目の種類と集計方法

問 1.1　④

質的変数は，性別や支持政党などのように，いくつかに分類されたものの中から 1 つの値を取るような変数であるから，A と C は質的変数である。一方，平均睡眠時間は量的変数であるから，答は ④ の A と C である。

問 1.2　②

質的な変数に関するグラフ表現としては，棒グラフ，円グラフ，帯グラフなどのグラフが用いられる。円グラフと帯グラフは各カテゴリの割合を比較する場合に用いられるもので，年次変化のように複数の集団の割合を比較する際には，円グラフよりも帯グラフの方がよく用いられる。棒グラフについては，度数の多いカテゴリから描かれることが多いが，わからない，無回答などの項目は最後に別にまとめるのが一般的である。よって，適切でないのは ② である。

問 1.3　③

将来地元に住みたいと考えている高校生は，「一度出ても帰ってくる」と答えた約 150 名と「ずっと住みたい」と答えた約 60 名を合わせると約 210 名となり，200 名以上いることがわかる。「将来住みたくない」と「ずっと住みた

い」と考えている高校生はそれぞれ60名ずついるので②は正しい。全体の回答者数はそれぞれの度数を合計してみると，約370名であり，約400名ではない。「わからない」と答えた高校生は約90名であるから，全体の約25%であるから，誤っているのは③である。

問1.4 ③

3年間継続した生徒は，361名×0.41 = 148名であり，①の記述は正しい。運動部に入部した生徒は約75%であるから②は正しい。運動部に入部しなかった生徒は，361名×0.25 = 90名であるから，③の記述は適切ではない。3年間継続した生徒の割合は41%であり，他の2つのカテゴリよりも大きいので，④も正しい。よって，適切でないのは③である。

第2章　さまざまなグラフ表現

問2.1 ②

全体に占める割合を調べる際には，円グラフや帯グラフが用いられるので①は正しい。積み上げ棒グラフは，割合ではなく度数を表しているため，度数の変化を見ることはできるが割合の変化を見るのには適していないので，②は適切ではない。レーダーチャートは全体のバランスを見るときに用いられるので，③は正しい。折れ線グラフは時間的な変化を見る際に用いられるので④は正しい。よって，②が答である。

問2.2 ④

建物火災件数はどの年も200件以上あり，全体の半分以上を占めているので，①は正しい。全体の火災件数は全て合わせた時の棒の高さに対応しているので，平成22年が一番小さいことがわかる。建物火災の件数は一番下の棒の高さに対応しており，平成19年がピークであるので，③も正しい。林野での火災件数は，平成19年ではなく平成21年が最も多いが，その件数は50件程度であるので，④が適切ではない。

問2.3 ④

最も降水量の多い月は，棒グラフを見ることによって，6月であることがわかるので①は正しい。最も平均気温が高いのは，折れ線グラフを見ること

によって，8月であることがわかるので，④ も正しい。冬場は棒グラフでも折れ線グラフでも低い値を示しているので，平均気温も降水量も低いことがわかり，1，2，11，12月の中で最も降水量が高い11月を見ても80mmを超えておらず，③ も正しい。3月の平均気温は折れ線グラフを見て判断する必要があり，約10℃であるから，④ は適切ではない。

第3章　時系列データ

問 3.1　④

時系列データは，時間の経過とともに繰り返し測定・観測されたデータのことであるから適切なものは ④ である。① は質的データを表している。また，② は個数を調べたデータであり，③ は量的データである。

問 3.2　①

前の月からの差を調べると，2月以降は，次の表のようになる。

2月	3月	4月	5月	6月	7月	8月	9月	10月	11月	12月
1	9	4	0	-5	1	3	-6	-3	0	2

これを示している折れ線グラフは，① である。② はその月のガソリン価格を示しており，③ は前月からの比を表している。④ は（前月との差）／（前月の価格）を表している。

問 3.3　③

2005年の米の作付面積は1706千haで，2009年の米の作付面積は1624千haであるから，$\dfrac{1624}{1706} \times 100 = 95.2$ となり，最も適切なものは ③ である。

問 3.4　③

2005年の部分を見ると，放火が最も多いことがわかるので ① は適切である。たき火は一度1995年で増加しているが，その後減少しており，1990年よりも2005年の方が少なくなっているので，② も適切である。こんろが原因での火災件数は，1990年に比べて2005年の方が少なくなっているので，③ は適切ではない。たばこが原因の火災発生件数は，1995年に一度増加しているが，その後減少しているので，④ は適切である。

第4章 度数分布とヒストグラム

問 4.1 (1) ⑤

最も度数の多い階級は，4分以上6分未満であるから①は適切である。通学時間が10分以上の生徒の人数は，10分以上12分未満の階級から下の部分を合計したものであるので7人となり②は適切である。2分以上4分未満の階級は7人，相対度数は $7/35 = 0.2$ であり，③は適切である。通学時間が2分以上8分未満の生徒は23人おり，全体の約66%であり，④も適切である。通学時間が4分未満の生徒は10人いることはわかるが5分以下の生徒の数はこの度数分布表からは確定できないので，⑤は適切ではない。

問 4.1 (2) ②

①と④は階級幅が4分となっているので適切ではない。②と③を比べると，③は度数が全て2分多くずれているので，適切なヒストグラムは②である。

問 4.2 ①

階級値は0.2ずつ増えており，階級の幅も0.2℃であるので①は適切である。階級値が36.1℃のところを見ると中学生の方が多いので，②は適切ではない。小学生は階級値が35.1℃の階級の度数が0ではないので，最も低かったのは小学生であることがわかり，③は適切ではない。36.4℃以上の階級の度数多角形を見ると小学生の方が上にあるので，小学生の方が人数は多く④も適切ではない。

第5章 分布の位置を表す代表値

問 5.1 ①

10人分のデータから，中央値は10（題），平均値は14（題），最頻値は10（題），最大値は50（題）であるから，誤っているのは①である。

問 5.2 ②

最頻値はデータの大きさが十分に大きくないときは明確な意味を持たないため（50ページ参照），①は適切である。最大値よりも大きなデータを加えると中央値は大きくなる傾向はあるが，中央値と同じデータが複数含まれて

いるときには，変化しないこともあるため，② は必ずしも成り立たない。一方，平均値の方は必ず大きくなるので，③ は適切である。左右対称でひと山の分布のときには，最頻値が中央の山となり，平均値や中央値もその値と近い値となるので，④ は適切である。

問 5.3 ④

35人のちょうど真ん中の人は18番目であるから，2時間以上4時間未満の階級にあるので，① は適切である。最も度数の多い階級は2時間以上4時間未満なので，最頻値は3時間である。各階級の値を階級値で置き換えて平均を計算すると，$113/35 = 3.23$ となるので，③ も適切である。各階級ですべて最小の値を取る場合には，平均値よりも1時間小さくなり，最大の値を取る場合には1時間大きくなるので，平均値は2.2時間以上4.2時間未満となる。したがって ④ は誤りである。

第6章　5数要約と箱ひげ図

問 6.1 ③

A は第2四分位数が12冊なので，借り出した本の冊数が12冊以下である児童が半数以上いることになるから，間違い。また B は同様に考え，正しいことわかる。このことから ③ が正解。

問 6.2 ①

A は0点で数パーセント人がいるため，正しい。B も同様に考え，90点ですでに累積相対度数が100%になっているため，100点をとった学生はいないので正しくない。第3四分位数がおよそ64点，第1四分位数がおよそ30点のため，四分位範囲は34点となり，C は正しくない。したがって，A のみ正しいため，① が正解。

問 6.3 ④

① は，中央値が8回だから半数以上が8回以上であり，不適。② はこの結果だけでは，断定できないため適さない。③ は前半25番目と26番目のデータの平均値のため，3になるとは限らない。④ は正しい。⑤ は ④ が正しいため不適。したがって ④ が正解。

問 6.4　②

図より 2 つの箱ひげ図のひげの両端の間の長さは等しいため，範囲は等しい。すなわち I は正しくない。また箱の長さは等しくないため，四分位範囲は等しくない。すなわち II は正しい。したがって，②が正解。

問 6.5　②

箱ひげ図はヒストグラムを簡略的に描いたものであり，大まかには描けるため①は不適切。またヒストグラムより，中央値は 40～49 付近であり，30～49 に観測値は集中しており，範囲は 0～59 付近である。また左に長く裾を引いていることも踏まえ，4 つの箱ひげ図では，A が最も近いと考えられる。したがって，正解は②。

第 7 章　分散と標準偏差

問 7.1　③

分散は定義より偏差の 2 乗の平均であることから，表の情報より 296.49 であることがわかる。したがって，標準偏差は分散の正の平方根であるから③が正解。

問 7.2　④

問題にかかれている情報より，中央値は第 2 四分位数であり 62，四分位範囲は第 3 四分位数と第 1 四分位数の差のため 33，範囲は最大値と最小値の差のため 100 である。この問題の情報では，標準偏差は求められない。したがって正解は④。

問 7.3　③

幹葉図等データをグラフでみると A の各観測値に 15 加えたのが B のデータであることがわかる。そのため，平均値，中央値は変わるが，分散は変わらない。したがって③が正解。

問 7.4　②

実際に度数分布における平均値や範囲，分散を求めてもよいが，定義からも平均値や範囲が等しいこと，また分散は A の方が大きいことがわかる。したがって，②が正解。

問 7.5　④

平均値や標準偏差の性質より，各観測値が 10 倍になると平均値は 10 倍，標準偏差も 10 倍になるため，答は ④ 。

第 8 章　観測値の標準化とはずれ値

問 8.1　①

標準化の変換式により，標準化した点数が 0 は元の点数の平均値と一致するため，54.2 点となる。すなわち ① が正解。

問 8.2　③

C さんの点数は与えられた情報より，中央値，第 2 四分位数と等しいため，B→C の順である。また C さんの点数は平均値であることから標準化すると 0 になり，A さんの点数は標準化すると 1 となるため，C→A の順である。すなわち B→C→A となる。したがって，③ が正解。

問 8.3　②

偏差値は定義より，標準化された点数に 10 をかけ，50 を加えるため，偏差値の大小関係は標準化された点数の大小関係と一致する。また今回の国語と数学の標準偏差は等しいため，定義よりそれぞれの偏差の大小関係がそのまま求める大小関係になる。ここで国語の偏差は，$56 - 52.2 = 3.8$ 点，数学の偏差は $45 - 40.4 = 4.6$ 点。したがって，数学の偏差値が国語の偏差値よりも高い。よって，② が正解。

問 8.4　③

はずれ値を第 3 四分位数 $+1.5×$ 四分位範囲で確認すると，四分位範囲は $61 - 48 = 13$ 分より，$61 + 1.5 \times 13 = 80.5$ 分となるため，90 と 98 ははずれ値となる。したがって，大きい方のひげの端は 78 分となる。また最小値も同様に考え，はずれ値はないため，小さい方のひげの端は 29 分となる。これらのことから，③ の箱ひげ図が適切である。

問 8.5　⑤

データ全体を考えると数値の小さい方に裾の長い分布になっており，平均値では小さい方の極端な値の影響を強く受けるため，平均値を代表値として

考えることは適しているとは言い難く，このようなときは中央値を代表値として考える方が適している。また小さい方の 27 と 29 は他の観測値とは大きく異なることからはずれ値として，考えることが望ましい。このことから，III も適した考え方である。これらのことから，II と III が正しく，正解は ⑤ である。

第 9 章　相関と散布図

問 9.1　③

グラフから約 30％強から約 80％強が女性でパンと答えた人のため，女性全体で約 50％である。したがって，正解は ③ である。

問 9.2　④

回答者全員 117 人中，男性でうどんを選んだ人は 34 人のため，求める割合は 34/117。また男性全体 77 人中，そばを選んだ人は 43 人のため，求める割合は 43/77。したがって，正解は ④。

問 9.3　③

一般的に正の相関関係がある場合，定義より 1 つの変数の値が大きくなれば，他方の変数の値も大きくなる傾向にあるため，それぞれの変数を散布図で描いたときの関係図を考える。I はジョギングの時間が長くなれば一般的に消費カロリーは増えるため，正の相関があったと推測できる。また II も同様に一般的に視聴時間が長くなれば，そのテレビの消費電力はかかるため，正の相関があったと推測できる。したがって，答は ③ である。

問 9.4　①

すべての人が中間試験の点数 +20 = 期末試験の点数となるため，散布図で中間試験と期末試験の点数を書くと右上がりの直線になる。したがって定義から正の相関関係といえる。したがって，解答は ①。

問 9.5　①

正の強い相関関係があるため，散布図では定義より，右上がりの直線に近い形で分布する。したがって ① が最も適切である。選択肢の ④ は平均値の定義より起こり得ないため不適である。したがって解答は ① である。

第10章　相関係数

問 10.1　①

問題に書かれている観測値の変更で，より右上がりの直線状に近づくため，正の強い相関になる。すなわち相関係数の値は 1 に近づくといえるため，正解は ① 。

問 10.2　④

相関係数は変数を何倍しても x と y を交換しても変わらないため，(1) と (2) と (3) の散布図はともに同じ相関係数をもつ。したがって解答は ④ である。

問 10.3　①

相関係数は変数を何倍してもいくつかの数字を加えても変わらない。したがって，解答は ① である。

問 10.4　④

相関係数は定義より測定の単位の影響を受けず，また横軸，縦軸を入れ替えても変わらない。したがって両方の記述は間違っているので ④ が正解。

問 10.5　③

散布図や相関係数では，相関関係はいえるが，原因と結果の関係をいうためにはもっと情報が必要なため，一般的にいえない。したがって適切でない結論は ③ である。

第11章　確率の基本的な性質

問 11.1　③

コインを投げたとき表が出る確率が $\frac{1}{2}$ であるからといって，2 回コインを投げると必ず表が 1 回出るとは限らないので，① は適切ではない。また，表が出た後には必ず裏が出るとも限らないので，② も適切ではない。コインを 5 回投げて 1 度も表が出なくても，次に表が出る確率は変化しないので ④ も適切ではない。確率の意味としては，③ が適切である。

問 11.2 ③

50枚のカードは同じ確率で選ばれると仮定すると，青いカードは15枚で，全体は50枚であるから，確率は0.3となるので，③ が答となる。

問 11.3 ③

大きいサイコロと小さいサイコロの目の組合せは，全体で 6×6 の36通りであり，このうち同じ目となるのは6通りであるから，確率は $\frac{6}{36} = \frac{1}{6}$ となるので，③ が正解である。

問 11.4 ④

コインの表裏の出方の組合せは，全体で $2^3 = 8$ 通りあり，このうち，1度も表が出ないのは，1通りであるから，1回以上表が出るのは $\frac{7}{8}$ であるので ④ が正解である。

問 11.5 ④

A, B, C, D の配置の仕方を考えると，$4 \times 3 \times 2 \times 1 = 24$ 通りであり，AとBが対戦しない場合は，AとBが対角の位置に来る場合で，全部で8通りである。よって，AチームがBチームと対戦するのは，$\frac{24-8}{24} = \frac{2}{3}$ となるので，④ が正解である。

第12章 反復試行と条件付き確率

問 12.1 ④

大小のサイコロの目の出方の組合せは36通りある。これらが全て同じ確率と考える。この時，$P(A) = \frac{1}{2}$, $P(B) = \frac{2}{3}$, $P(C) = \frac{1}{2}$, $P(D) = \frac{3}{4}$ となる。$P(A \cap B) = \frac{1}{3}$ であるから，AとBは独立であり，① は成り立つ。$P(A \cap C) = \frac{1}{4}$ であるから，AとCは独立であるので，② も成り立つ。$P(B \cap C) = \frac{1}{3}$ であるから，BとCは独立であるので，③ も成り立つ。一方，Aが成り立てばDは必ず成り立つので，$P(A \cap D) = \frac{1}{2}$ であり，④ は

誤りである。

問 12.2　③

500人の支持の状況を独立な試行と考え，支持する確率が $\frac{2}{3}$ であることから，反復試行の確率で計算すると，${}_{500}C_{300}\left(\frac{2}{3}\right)^{300}\left(\frac{1}{3}\right)^{200}$ となる。よって，正しい式は ③ である。

問 12.3　③

まず，喫煙者で病気にかかる確率を求めると，$0.2 \times 0.003 = 0.0006$ となる。非喫煙者で病気にかかる確率は，同様に $0.8 \times 0.001 = 0.0008$ となる。よって，トータルで病気にかかる確率は $0.0006 + 0.0008 = 0.0014$ となる。病気にかかったという条件の下で，喫煙者である確率は，$0.0006/0.0014 = \frac{3}{7}$ となる。よって，③ が正解である。

第13章　標本調査

問 13.1　③

国勢調査は5年に一度行われているので，③ が正答である。

問 13.2　④

標本調査は，母集団の一部を対象に行われる調査である ① は適切である。標本が適切に選ばれれば，推定は偏りなくできるので ② も適切である。標本を選ぶ際には，偏りを避けるために無作為抽出が望ましい。調査の目的は標本の特徴をつかむことではなく，母集団の特徴や傾向を知ることであるので，④ は適切ではない。

問 13.3　③

無作為抽出の方法として，① 及び ② は適切である。人が適当に数字を選ぶとすると，すべての個体が同じ確率で選ばれることにはならないので，③ は適切ではない。同じ確率で選ばれていることが条件であるから，④ は適切である。

問 13.4　②

電話をかけたのはある企業に顧客として登録されている人であるが，小学生の子どもがいない人は調査から除外されているので，ここでの母集団は，「ある企業に顧客として登録されていて小学生の子どもがいる人」全体であるが，標本は，電話をかけた中で小学生の子どもがいる 600 名となるので，②が適切である。

第 II 部　練習問題の解答

第 14 章　問題解決のプロセス

問 14.1　②

アはデータの解析 (Analysis), イは実験・調査の計画 (Plan), ウは問題の明確化 (Problem), エはデータの収集 (Data), オは問題の解決 (Conclusion) を表しており, 問題解決のサイクルは,

問題の明確化→実験・調査の計画→データの収集→データの解析→課題の解決

の順番で進むので, ② が正しい。

問 14.2　①

① については, データ解析の方法は目的によって異なるため, 解析を行う際にも問題をしっかり把握しておく必要があるので, ① が誤りである。

第 15 章　実験・調査の計画

問 15.1　②

食品の摂取方法を原因と個人の自由意思で決定すると, その時の健康状態によって摂取方法が異なることも考えられるため, できるだけ食品の摂取方法については研究実施者の方で割り当てたほうがよいので, ② が誤りである。

問 15.2　②

実験研究の大きな特徴は, 原因と思われる要因に関して介入を行なっている点にある。② では糖尿病患者のグループを 2 つに分けて, 食事療法の説明を口頭で説明するのか, 文書で説明するかを研究実施者が割り当てている。③ も喫煙者と非喫煙者の比較をしているが, この場合には喫煙しているかどうかは個人の意思によって決まり, こちらから介入することができないので, 実験研究とはいえない。

第16章　データを解釈する

問 16.1　③

4つの県から連想される要因としては，①から④までのどの要因も考えられるが，調査の方法として③の第1次産業の従事者の割合が50％以上の都道府県と50％未満の都道府県に分ける方法は適切ではない。2つのグループに分ける際には，それぞれのグループに属する都道府県の数が同じくらいになることが望ましいが，第1次産業の従事者の割合が50％以上の都道府県はないため，2つのグループに分けることができない。

問 16.2　②

①については，60歳以上の登山者が遭難する割合を調べるには，60歳以上の登山者数や60歳未満の登山者数も必要である。③については，遭難者数も増加しているため，必ずしも60歳以上の遭難者の割合が高くなっているとは限らない（実際には，H20が一番高い）。④については，60歳以上の登山者数がわからないので，このデータからはわからない。②については上の表から判断することができるので，答は②である。

第17章　新聞記事や報告書を読む

問 17.1　④

①，②，③については，上の文書に記述がみられるので適切である。⑤については，有効回答率が56.0％であるから，アンケートに回答したのは，$4,000 \times 0.56 = 2,240$ 程度である。④については，郵送した4,000人を全体として見ているが，実際に回答を得られたのは，このうちの56.0％であるから，ここではアンケートに回答した約2,240人を全体と考える必要があるので誤りである。

第 III 部　実践問題の解答

問 1（ 1 ）⑤
それぞれの定義に従い数値を求め，最大値 28，最小値 14 から範囲は $28 - 14 = 14$ である。

問 2（ 2 ）⑤
標準偏差の定義から。

問 3 [1]（ 3 ）⑤
分散は偏差の平方の平均であることから表の中の該当する数値を見る。

問 3 [2]（ 4 ）③
四分位範囲は第 3 四分位数から第 1 四分位数を引いた値であることから，与えられた数値より $7.55 - 6.9 = 0.65$。

問 4（ 5 ）④
相関係数の定義より，相関係数を求める際に利用した変量の順を入れ替えても相関係数は変わらない。

問 5（ 6 ）⑤
散布図と相関係数の関係より，(D) は相関は強いが，負の相関のため，相関係数は -1 に近い値を取る。

問 6（ 7 ）③
箱ひげ図の定義を踏まえ，四分位数の値を図で確認する。

問 7（ 8 ）④
確率の定義より 4 回とも表でない確率は $(1/2)$ の 4 乗のため。

問 8（ 9 ）③
条件付き確率の定義より，求める確率は $0.001/0.1 = 1/100 = 1\%$。

問 9（ 10 ）②
この乱数表の乱数の選択の規則に従い，500 以上の数は捨てるため 280, 51, 347 となる。

問 10 (11) ②
調査対象全体となる A 高校の 1 年生全員が母集団，そこから選ばれた 10 人が標本のため。

問 11 [1] (12) ④
調査対象全体となる池のニジマス全体が母集団，そこから選ばれたニジマスが標本，60 匹が標本の大きさのため。

問 11 [2] (13) ④
この調査ではオスとメスの区別はしていない。

問 12 (14) ⑤
もとの点数を X とするとき，調整後の得点が 60 点以上となるのは a の方法で $X \geqq 55$，b の方法で $X > 54.5$ であり，X は整数だから 60 点以上の生徒はどちらの方法でも同じ。

問 13 (15) ①
度数分布表から最大値，最小値，四分位数の含まれる階級を読み取る。

問 14 (16) ③
散布図より，2 つの得点の間には強い相関があるとはいえないので c は正しくない。

問 15 (17) ⑤
この箱ひげ図では，平均は表示されておらず a が誤り。

問 16 (18) ④
全体の人数と割合からそれぞれの項目の人数を求める。

問 17 (19) ②
国勢調査は 5 年に一度実施され，平成 22 年に実施された。

問 18 [1] (20) ②
度数分布表から中央値は，5.0 以上 5.5 未満の階級にある。

問 18 [2]（ 21 ）②
各県の婚姻件数を求めるには，各県の人口データが必要である．

問 18 [3]（ 22 ）④
散布図から，20 歳以上 40 歳未満の割合が 0.25 以下の点は 24 個以上あり，中央値は 0.25 より小さい．

問 19（ 23 ）②
作付面積の差では相対的な変化を比較するのが難しい．

問 20（ 24 ）④
この折れ線グラフは，時間的な推移を横軸に正確にとっている．

問 21 [1]（ 25 ）⑤
累積度数や累積相対度数の性質から．

問 21 [2-1]（ 26 ）②
累積相対度数が初めて正になる位置や 50% をこえる位置を見る．

問 21 [2-2]（ 27 ）①
グラフから B 組の 11.5 秒や 9.5 秒での累積相対度数を読み取る．

索　引

■**I**──
IQR 60

■**P**──
PDCA サイクル 149
PPDAC サイクル 148

■**Z**──
z スコア 85
z 値 85

■**ア行**──
円グラフ 6, 14
帯グラフ 6, 14
折れ線グラフ 17, 24

■**カ行**──
階級 36
階級値 36
確率 114
カテゴリ 4
仮平均 76
観察研究 157
基準化 85
擬似乱数 142
共分散 105
行和 8
クロス集計 8
5 数要約 58

■**サ行**──
最頻値 50
時系列データ 24
試行 126
事象 114
指数 27
悉皆調査 139
実験研究 157
質的変数 4
指標 27
四分位数 56
　第 1 ─ 56
　第 3 ─ 56
　第 2 ─ 56
四分位範囲 60, 74
乗法定理 130
乗法法則 130
正規分布 75
全数調査 139
相関関係 93
　正の ─ 95
　強い ─ 95
　負の ─ 95
　弱い ─ 95
相対度数 37
層別散布図 99
総和記号 76, 79

■タ行

- 代表値 36
- 多重クロス集計表 94
- 単純無作為抽出法 142
- 中位数 49
- 中央値 49, 56
- 積み上げ棒グラフ 18
- 同様に確からしい 116
- 度数 36
- 度数分布 36
- 度数分布多角形 40
- 度数分布表 36

■ハ行

- 箱ひげ図 61
- はずれ値 86
- 範囲 60, 74
- 反復試行 127
- ヒストグラム 38, 62
- 標準化 85
- 標準偏差 74
- 標本 140
- ―に偏りがある 141
- ―の大きさ 140
- 標本調査 139
- プラセボ効果 158

- 分位点 56
- 分位数 56
- 分散 74
- 平均 48
- 平均値 48
- 平均偏差 74
- 並列箱ひげ図 62
- 偏差 74
- 偏差値 85
- 変動係数 78
- 棒グラフ 5, 14
- 母集団 140

■マ行

- 幹葉図 15, 162
- 無作為に 116
- 無作為割り付け 119
- メジアン 49
- メディアン 49
- モード 50

■ラ行

- 乱数表 142
- 量的変数 4
- レーダーチャート 16
- 列和 8
- レンジ 60

■ 日本統計学会　The Japan Statistical Society

（執筆）
藤井良宜　宮崎大学　教育文化学部教授
竹内光悦　実践女子大学　人間社会学部准教授
後藤智弘　財団法人統計研究会　研究員

（責任編集）
竹村彰通　東京大学　情報理工学系研究科教授
岩崎　学　成蹊大学　理工学部教授
美添泰人　青山学院大学　経済学部教授

日本統計学会ホームページ　http://www.jss.gr.jp/
統計検定ホームページ　　　http://www.toukei-kentei.jp/

装丁（カバー・表紙）　高橋　敦 (LONGSCALE)

にほんとうけいがっかいこうしきにんてい　とうけいけんていさんきゅうたいおう
日本統計学会公式認定　統計検定3級対応

　　　　ぶんせき
データの分析　　　　　　　　　　　　　　Printed in Japan

2012年7月25日　第1刷発行　　　ⓒThe Japan Statistical Society　2012
2016年11月25日　第9刷発行

編　集　日 本 統 計 学 会
発行所　東京図書株式会社
〒102-0072 東京都千代田区飯田橋3-11-19
振替 00140-4-13803 電話 03(3288)9461
http://www.tokyo-tosho.co.jp

ISBN 978-4-489-02132-9

本書の印税はすべて一般財団法人 統計質保証推進協会を通じて統計教育に役立てられます。